Spiritual Culture
青心文化

Spiritual Culture
青心文化

在阅读中疗愈·在疗愈中成长

READING & HEALING & GROWING

关注公众号，后台回复《零频率》，
即可获得专业音频讲解，实现高效精读！

零频率

Zero Frequency

［美］玛贝尔·卡茨（Mabel Katz）｜著

胡尧｜译

中国青年出版社

献给我的母亲莎拉·奈曼，
她在我写这本书的时候去世了。
她是我翅膀下的风，
她永远活在我心中。
我能有今天都源于她对我的给予。
妈妈，这本书是给您的，以我最大的爱。

对《零频率》的赞誉

我们都希望在工作和家庭之间，在休息和活动之间，在经济成功和意义感之间取得平衡。玛贝尔为实现有意义、平衡的人生提供了一本实用而深刻的手册。本书将改变你思考挑战的方式，并向你展示如何驾驭挑战的力量。

——堂·米格尔·路易兹，《纽约时报》畅销书第一名《托尔特克智者的四个约定》作者

健康的生活需要在生活中创造健康的节奏。在《零频率》中，玛贝尔·卡茨将向你展示如何利用你的内在力量来创造和维持自己独特的生活节奏，让你的生活轻松优雅地流动。

——迈克尔·伯纳德·贝克维思，阿格佩国际精神中心创始人兼总监，《生命憧憬和精神自由》作者

我有幸触及荷欧波诺波诺的巨大力量。现在，玛贝尔·卡茨已经在《零频率》中向所有人开启了这种力量。这本书是一本必读书！

——玛西·西莫夫，《纽约时报》畅销书第一名《没有理由的快乐》作者

《零频率》是通向更有意识、更有意义人生的大门。世界上最有成就的人之所以把内在智慧融入他们的生活中，是为了帮助他们达到巅峰状态，在压力下保持冷静，在生活中保持平衡。这本书向你展示了原因。

——珍妮特·布雷·阿特伍德，《纽约时报》畅销书《激情测试》作者

这本深邃而美丽的书将通过提供实用的工具，来连接到你最关心的事，从而使你了解你人生的意义和目的。我很少看到一本书能如此深入地将你带进实现梦想的过程中，从而实现圆满的人生。

——玛西娅·威德，梦想大学 CEO，畅销书作者

哇！这正是我一直在寻找的那本书。我喜欢《零频率》，因为它直截了当的方法和温馨的故事，让我过上幸福而充实的人生。

——帕特·伯恩斯，橘子郡儿童图书节联合创始人，《大杂志》记者

玛贝尔是一个天生的讲故事者和优雅、智慧的传播者，这种智慧立刻触动了人们的心灵。她的天才在于编织一条优雅

的纱线，将我们与那些激励我们做到最好的简单真理联系在一起。

——彼得·蒙托亚，《你就是品牌》作者

玛贝尔已经为任何想步入更好人生的人组织了一套强大的策略——我就是证明！在经历了一场商业危机之后，我很快就成功了。不管生活给你带来什么，应用你在《零频率》中所学的，你也能脱颖而出。

——马修·大卫·赫塔多，《允许部长》作者

《零频率》是一本有见地且鼓舞人心的书！它教会我们在生活中创造更多的幸福、成功与和平。我强烈推荐！

——加里·奎恩，生活教练，《YES 的频率》作者

什么是零频率?

我们生活在这样一个时代，许多人感到世界的重担压在他们肩上，这表现为全球和个人的压力、经济挑战、疾病、孤独、抑郁和缺乏目标。零频率为这个星球上所有挣扎的人提供了一条走出混乱，走向幸福、平静与富足生活的道路。

这条希望之路被称为零频率。零频率是我们回归到零的自然状态，当我们活在当下，清醒，没有评判，允许我们的心向已然存在于我们每个人内在的智慧敞开时，这种无限的状态就出来了。

活出我们的本来是零频率的核心，一种感恩、放手和实践平静的结合。零频率就像回到我们的童年，随着时间和年龄对我们本来的遮蔽，我们失去了快乐和纯真。

这本书将为你奠定一条具体的道路，帮助你醒来，认识到你的潜力。

我们越是帮助（和复原）自己，我们就越是帮助（和复原）这个星球。

人生问题的所有答案在哪里？你在哪里可以找回你的人生？重新找回快乐的自我？找到希望？在零频率的心灵深处。

玛贝尔·卡茨是一位国际知名的世界和平大使，被公认为是荷欧波诺波诺的权威，荷欧波诺波诺是古代夏威夷解决问题的艺术与实践，以实现幸福与平静。目前她的书已被翻译成二十多种语言。

目　录

致　谢

　　我在 2010 年创立并开展了我的第一次零频率培训。从那以后，我一直想写这本书，但是，由于我在世界各地旅行的繁忙日程，忙于开展我的培训，写书似乎总是不可能的。我想特别感谢我的朋友黛博拉·巴内特，她多年来一直鼓励我写这本书，直到 2018 年夏天，我才告诉自己，我必须想办法。

　　于是，我聘请鲁思·克莱因做我的写作教练，鲁思让伊莲娜·戈尔德来编辑并让我保持正轨、负责到底。我其实想雇一个替身作家，但他们一直鼓励我："继续写作，你做得很好。"他们明白我在这个疯狂的使命中传达的信息的重要性，我想帮助人们不仅改变他们的个人生活，而且改变他们的职业生活，从而让这个世界变得更美好、更幸福！

　　当我认为手稿已经完成时，安贾妮特·哈珀出现了，帮助我把它修改并拼凑在一起。她改变了我的游戏规则。这给了我额外的价值和这本书所需"新想法"，如今我可以自豪地呈现于此。谢谢大家。

　　衷心感谢弗朗西斯克·普里姆斯几年前和我一起写这本书，当时我以为我应该用西班牙语写这本书。我决定用英语写它，这是我灵感涌动最好的语言。尽管如此，弗朗西斯克，你的合作、天赋和想法已经对本书做出贡献并反映在书中。同时，也要感谢比尔·阿帕布拉萨的所有投入、建议和支持。

感谢被称为荷欧波诺波诺（Ho'oponopono）的古老的夏威夷解决问题的艺术。它改变了我的生活！感谢莫娜·西蒙那将这一艺术更新到我们现在所在的时代。

非常感谢我的老师伊贺列卡拉·修蓝博士，我在您的指导下和作为您的学徒度过了12年。您的指导使我做好了准备，让我能够在世界上做我一直在做的工作，并促成了零频率的诞生。

感谢我在世界各地的学生们的承诺和信任。我在全球各地的组织者和我的团队：感谢你们的奉献、努力、爱，相信我的信息，并帮助我传播它。

最后但并非最不重要的是，感谢我的儿子乔纳森和莱昂内尔，以及我的儿媳科林，感谢你们无条件的爱、支持和肯定。你们是我生命中的祝福，是上帝赐予我的最好礼物。不管怎样，谢谢你们鼓励我坚持下去。

译　序
如果我为译作百分百负责，我会做些什么？

胡尧

回想起来，翻译《零极限》一书已是 12 年前的事了。一直以来我对我翻译的作品"毫无眷恋"——每翻译完一本书，我就感觉好像它不是我翻译的一样，感觉好遥远，而且我也不觉得它从此和我有任何关系。但事后的种种发生，一次次提醒我：是有关系的。

许多读者给我反馈说，《零极限》《无量之网》《你值得过更好的生活》这几本书都翻译得非常流畅，读起来是一种享受，对他们启发很大。我回复说：是作者写得好，是出版社的编辑选书选得好。翻译得好是本分，翻译得不好就糟了——既浪费了我的时间，还浪费了出版社的资源，还浪费了读者的金钱、时间和精力。因此，我总是用心对待我翻译的每一本书。

在接触了近万名读者后，我发现许多读者对书中的一些观点或表述存在困惑。有时候，我会向有困惑的读者表态：我并不完全赞同我翻译的书中所有的内容。古人有言：尽信书不如无书。过去，囿于仅作为译者的身份，我并没有在译作中表达我的不同观点。这超出了一个译者的职责。而且，作为译者表达与作者不同的观点，这有悖常理，也有违常情。

在《零极限》或"荷欧波诺波诺体系"中,"百分百负责"是一个非常核心的观念。我们对发生在我们生命中的所有事,负有百分百的责任。那么,站在百分百负责的角度,作为译者,我希望为所有有缘的读者(你)负责,我会努力做些什么?

有缘相会,无事珍重!

导　言

"为什么我要挣扎着去实现我的梦想呢?"

"我要付出什么才能最终实现财务富足?"

"我为什么仍不开心?"

这些通常都会发生。在我的现场活动中，有人会问我这三个问题版本中的一个——或者全部。我已经回答它们几千次了。当这种情况发生时，我会微笑。一遍又一遍地听到同样问题，我一点也不烦。你瞧，我们是一家人。我们都属于人类大家庭，我们都在寻找同样的东西:一种目标感、满足感、足够的钱来享受生活、我们关系中的和平、世界和平以及我们自己心中的平静。

很可能，你也问过自己同样的问题。你之所以读到本书，也许是因为你试图找到自己的方式，并对迄今所取得的结果感到沮丧。我希望你找到本书，因为你仍然相信你有可能得到真正的快乐和满足。在内心深处，你是否知道一条通往你想要的更简单的道路?

无论你拿起本书的原因是什么，要知道你并不孤单。正如我告诉那些在我零频率研讨会和工作坊上，发自内心问我同样问题的可爱的人们:确实有更简单的方式。事实上，我找到了最简单的方式。

你们中的一些人，可能已经通过我一生工作的荷欧波诺波诺了解了我，它是夏威夷古老的解决问题的艺术，对我来说，它是一种生活哲学，一种在美好时期及挑战时刻都能滋养和维系我的人生哲学。在一开始，古老的做法是召集整个家庭，在主持人面前，每个成员都会请求其他人的原谅。夏威夷治疗师莫娜·纳拉玛库·西蒙那为当代更新了荷欧波诺波诺，以便它能被单独实践。莫娜说："这个过程的主要目的是发现自己的内在。荷欧波诺波诺是一个深刻的礼物，它允许一个人发展与内在的工作关系，并学会在每一刻都呼求它，我们在思想、言语、行为或行动上的错误被清理。这一过程本质上是关于自由的，一种全然从过去解脱的自由。"

二十多年来，我一直在学习和实践荷欧波诺波诺，并教授它的原理。我会以一颗感恩的心继续这样做。正是通过对荷欧波诺波诺的学习，我发现了通往平静、幸福和富足最简单的方式。

在我自己的生命中，我体验到了实践荷欧波诺波诺的变革力量。在痛苦和不确定的时候，这个过程把我当成一个孩子，把我带到我真正的自我。当我放手并相信这条路时，一切都变得容易起来。金钱流向我。机会出现在我的收件箱里。我享受亲密关系中的和谐相处。我的日子排满了我热爱的工作，看起来不像是工作。忧虑和焦虑减轻了。往事不再困扰我，我也不再陷入戏剧或争斗。失败不复存在。我在自己的人生中所经历的都是非凡的。走过这条路的其他人的经历让我感到震惊，使我的心充满喜悦。在本书中，我将与你分享其中的一些故事，好让你能见识到荷欧波诺波诺的力量。

但本书将讲述一个新故事。

你瞧，在我的旅程中，我意识到有必要以一种更实用、更现代的方式来呈现真理——一种同时对心智和心灵说话的方式，或许能突破许多阻碍我们体验真理的思维陷阱。因此，零频率诞生了。

自从我开始教授我的方法以来，我在世界38个国家的85个城市举办过培训和工作坊。通过这些活动，我的书籍和其他外联活动，我已经帮助了世界各地的数百万寻求者。每天，我都会收到一些人发来的消息，这些人通过实践，更经常、更深入地生活在零频率中，并经历了他们以前似乎难以捉摸的事情：平静、幸福和富足。我希望零频率也能帮助你，永远终结你实现梦想的挣扎。我的愿望是，你最终也会遇到自己应得的幸福与平安。

那么，零频率是什么呢？在许多大陆上，从小孩到老人，很多人都问过我这个问题。简单地说，零频率是我们的自然方式或条件，真正的我们。这是一种7×24小时活在灵感中的神奇方式，摆脱了我们所有潜意识编程和所有先入为主的想法、记忆和信仰的枷锁。当我们在零时，我们是自己真实的自我，能够契入我们真正的才能和天赋礼物。当我们不再依赖自己之外的任何东西或任何人时，我们总是感到快乐和平安。我们在顺流中，对我们而言是正确和完美的东西，很轻易地毫不费力地来到我们身边。

那些热衷数字命理学的人相信数字是有振动的。数字零与永恒、流动和完整的振动产生共鸣。它也代表了选择。它是阿尔法（γ），即开始，也是欧米茄（Ω），即最终的。零也是无限的象征，也是虚无的象征，我们常常认为它在本质上是消极的。这与事实相去甚远！事实上，正是在这个虚无中，我们体验到所有拖我们后退的记忆、思想、信念和行动的缺席。正是在这虚无中，所有的答案都被揭示出来。

在零时，你连接到宇宙的智慧。不仅如此，你和宇宙是一。在零时，你不害怕。你不会想太多，也不会担心。你不害怕失败、被拒绝或任何特定的结果。放下你将如何到达那里，你自信地朝着你心的愿望前进。你相信并允许频率本身带你发生，为你开门——你从未想过你能跨越的门。在零时，你有你自己的韵律。你知道你没有任何限制，答案和解决办法会突然闪现在你脑海中。你就是知道一些事，你不知道自己是怎么知道的。在零时，你真的很快乐，且与你自己、你所爱的人、你的社区和世界和平相处。

零频率会吸引你，打开你的心扉，永久性地改变和丰富你的心灵和物质生活。它将为你提供缺失的钥匙，用它解锁必要的心理状态，以显化你梦想的生活，并保持平静。

我猜你之所以在这里，是因为更深层次的那部分你知道，这世上有比你用手能触摸或用眼睛能看见的更多的东西。这个在寻求和在询问的部分正是真正的你——是超越了国籍、宗教、政治、职业、银行账户和所有其他生活幻想之面具的你。这部分的你是真正的你——一个带着某种目标和特定命运来到此世间的灵魂。印度一位哲人曾经说过：你之所以在这里，是因为你有一些事要完成，一些信息要传达，一些工作必须完成。你不是偶然来此的——你在此意义非凡。

一旦你有了理解这一真理的意识以及拥抱它的勇气，它就会成为你的使命，去发现你的目标是什么。只有当你发现自己的本来后，这才会发生。这两者相互依存。离开一个另一个无法存在。

这场探寻始于零也终于零。

现在，你可能会想："这听起来一点也不容易。"毕竟，直到目前，发现你是谁并不是一个简单的任务！我希望你能相信我，能够从始而终地看完这本书，如此你就能亲身体验零频率了。记住，如果你选择连接并生活在零的话，这并不一定很难。你不必学习一门新语言或牺牲你的生命。为了让这种方式对你起作用，你不需要理解它是如何起作用的。你无须任何特别的东西来实践它，你也不可能做错。你只要实践就行了。最简单的方式就是最简单的方式。

你还可能会疑虑零频率是否与你的内在信仰系统兼容。当我在本书中使用宇宙一词时，我指的是普遍的创造源头。有些人称它为更高的力量，有些人称它为内在。正如朱莉娅·卡梅隆在她的书《艺术家之路》中所说，这个创造源头就像电：你不需要相信电就能使用它。当我告诉人们，我们说的是同一回事，这是个好消息。同一个真理，但发现它的方式各有不同。我找到了最简单的方式。这种方式对所有人都起作用吗？是的。这种方式适合所有人吗？不是。许多人仍然沉溺于痛苦、责备和抱怨之中。有些人说他们想改变，但他们不是真想。我认为你确实想改变。我觉得你确实想用最简单的方式，我想你已经准备好了。

本书将直达人心。当你阅读它时，你可能会发现自己正在滑入零频率状态。你可能会感受到平静和有创造力。本书将带你进入内在的旅程，并教你如何一次次回到零。所以，享受这段旅程吧，希望它能激励你进一步学习，培养在零的状态，并生活在这个空间中。

但，请你知道，这不是一条从 A 点到 B 点的直线旅程。这不是一个人必须遵循的修习谱，突然发现自己坐在菩提树下。零更微妙。它是神秘且难以捉摸的，并且，就像"当下"一样，它将在每一刻被认出又被错过。零是纯粹的潜能。它是开始：一个想法刚出现的那一刻，或当一个新想法突然出现在你脑海里时。零出现在我们开始计数之前，出现在某些东西增长之前。它不是收获，而是种子。

虽然你确实可以从一章读到下一章，但不要预设零会发生在最后一章的最后一页。零会在任何时间，任何特定时刻发生。信任、放手、连接并允许让零的力量转变你的生活。你准备好重生并连接你的全部潜能了吗？

我庆祝你的觉醒，以及你为自己的内在成长负起责任的承诺：你的幸福、平静、觉知、自由和富足。你即将进行一场不可思议的意识之旅。我很高兴能参与其中助一臂之力。

让我们开始吧！

第一章
信任——宇宙在等你

当你遵循你的天性道路，找到你自己的顺流，你会吸引你所需要的资源来吸引你的全部潜力。

——佚名

飓风"玛丽亚"袭击波多黎各五天后，获得詹姆斯·比尔德大奖的厨师何塞·安德烈乘坐第一架商用飞机抵达该岛。安德烈要去那里养活尽可能多的人。他没有计划，没想过战略，也不知道自己是否有足够的资源。然而，在接下来的几周里，何塞和他的厨师们养活了360万人。他没想过。他没有设定目标。他只是在做饭。

在《魔幻厨房》的一篇文章中，安德烈说："我认为最大的教训也是最简单的：当你发现自己面临挑战时，就开始行动吧。也许这并不深刻，这不是一个能赢得诺贝尔奖的教训，却是一个能从问题中找出机会的教训。如果你试图一次解决所有的问题，你会陷入停滞，你会僵住，你会开一个会议来召开另一个会议，因为你正试图想出推迟行动的方法。我们以前互不认识。我们只是开始做饭。第一天1000份饭，然后每天增加一倍。还没等我们回过神来,我们已经一天做 15 万份饭了!"

想象一下!数以百万计的人得到食物,是因为有个人没有停下来思考、计划或设定目标。他只是开始做饭!当我们跟随我们的灵感,放手并采取行动时,可以实现惊人的壮举。我们一直试图用思考和计划来解决无家可归等问题。可如果我们立刻开始行动呢?正是这种焦虑和计划妨碍了我们做成——大事——不可能的事。

当我告诉人们我不设定目标时,大家总是感到很惊讶。"你是怎么完成事情的呢?"他们会问。在我们这个快节奏、成果导向的社会里,这似乎是个合理的问题。在北美,大多数人认为我们必须规划我们的未来,努力实现我们的目标和梦想。有一整个行业的存在就是为了帮助我们更好地管理我们的时间,规划和设定目标,创建梦想板视觉化我们理想的未来。我知道,当我告诉大家我不设定目标时,人们会惊讶。我知道他们真正奇怪的是什么,"如果你不设定目标,你是如何过上如此幸福的生活的?"他们看到我的满足感,就想问:"你是怎么得到这种心安的?"他们看我的书、我的巡回演讲和我做的其他工作。他们渴望了解,"你是如何做到这一点的?"

所有这一切——我的快乐人生,我的满足感,我在世界各地的工作——对任何人都是可能的。我并不特别,也不是被选中的，也不比这个星球上的任何其他人，包括你，笑得更多。你的人生取决于你的决定。我决定负起责任，停止指责和抱怨。我变得更加谦逊。我意识到我并不像我以为的那样懂很多。我不再注意别人的意见和评判。我宽恕。我意识到，我不需要完美，并开始接受我本来的样子。我更加关注内心的愿望，敞开心智，选择放手并信任。如果你在寻找通往幸福、平静和富足的最简单方式，我强烈推荐这种方式。

我不设定目标。我不会花很多时间去计划或制定下一步的战略。我喜欢活在当下。我没有梦想板，我不使用自我确认。尽管如此，我一直是最幸福的人。我正在做我喜欢的工作。我在履行我的人生使命。我不担心钱。我不关心我的下一个探险。我的关系和谐而充实。紧张的情况很快就会过去。生活很简单。生活很美好。我知道这些都是很大胆的说法。然而，它们都是真实的。这些都是真的，因为我在实践古老的夏威夷解决问题的艺术之路，荷欧波诺波诺，最简单的方式。它们是真的，因为我安住在零频率。

如果你读过超出你现阶段的个人成长书籍，你就知道，有时候去做它们要求你做的事是不容易的。它们对我们的要求很高，结果却不保证。当我们尽了最大努力，做了最认真的计划，但事情仍未能如愿，我们就会责怪自己。我们会认为我们没有做正确的事，或者我们还没准备好接收我们想要的一切。

这些都不是真的。广受赞誉的作者兼老师迈克尔·贝克维斯说过，自我确认会迫使你的潜意识专注于谎言，因为你在自我确认一些你尚未拥有的东西。他还说，自我确认是"幼儿园工具"，要"毕业"，我们只需要活出本来（做你自己）。零频率是一种与使用自我确认完全不同的方法。这是一种爱的方法，也是通往真理最简单的方法。

你是具足的。你已经准备好接收了。宇宙在等待！是时候该毕业了。是时候活出你真实的自己了！

如《零极限》作者乔·维泰利所言，当我们努力实现某一目标时，无论是通过个人成长练习，如自我确认，或是通过实际的目标设定，我们都会产生一种我们尽在掌控的错觉。然而，当我们放弃对宇宙的控制，我们会得到更好的结果。你瞧，当我们设定目标并制订战略计划时，我们是在相信我们是创造者。我们思考并行动，就好像仅取决于我们自身，就能让我们的梦想成为现实。虽然相对于哀叹我们的生活状况以及将我们的情况与他人相比较来说，这是一种更积极和有力的方式，它却不是找到真正的平静、幸福和富足最简单的方式。最简单的方式是更进一步，与我们更智慧的那部分共同创造我们该怎么做？我们意识到我们并不像我们以为的那样懂得那么多。我们放手并相信宇宙知道什么是正确的，以及实现它的最好方式是什么。我们观察、放手、安住在零，让道路变得清晰。

在荷兰我举办的一个商业研讨会上，有人嘲讽地问我："所以你不做预测，没有商业计划？"

我的回答是："你愿意准备一份不同的商业计划吗？也许与传统的或我们'以为'是正确的不同？也许一份商业计划来自灵感而不是知识？也许还有别的方式？或许你甚至不需要一个计划来为你的企业获得贷款。"

我跟他们分享，我在以色列遇到了一对夫妇，他们创造了一种有趣的基于特殊卡片的游戏的个人成长训练计划。他们说，由于他们的"热情"，他们获得了第一笔商业贷款。那位银行家告诉他们，他们没有资格获得贷款，但他无论如何都会批准，因为他们对自己的产品有如此的信心，而且他们非常热情。所以，也许是我们所做的和我们必须给予的之中所蕴含的热爱与信任，甚至比商业计划更有效！

如果你放弃计划和设定目标，你将释放自己。上天为你准备了比你想象和梦想更多的东西。一开始，放手是未知的。它是不舒服的。你必须愿意走出你的舒适圈（已知）。然而，当你实践、实践，开始放手，然后开始看到结果时，你会继续放手并信任。你会喜欢它的——你会喜欢它，是因为突然间门会轻而易举地打开。你所要做的就是穿过它们。你会进入完美的顺流中。

做出不合逻辑的决定

1997 年，我在洛杉矶的一家大型注册会计师事务所担任税务会计师。在一个男性占主导地位的行业里，我做了大量的兼职工作，赚了很多钱，我很享受职业上的成功。我还能要求什么？

然而，在那时，在 20 年的婚姻后，我正在经历一场婚变。我有一份稳定的工作和可预期的薪水；合乎逻辑的做法是继续在会计师事务所工作。相反，我决定开办自己的会计公司。

这种冲动不知道是从哪里冒出来的，甚至想想都是不明智的。

有些人建议我不要离开我的工作，但我知道我必须信任来自宇宙的指引。接下来发生的事情让我生命中所有的反对者都感到惊讶。我的会计实践几乎一夜之间就成功了。客户莫名其妙地涌向我。我未做任何努力，需要帮助的人让我的电话响个不停。他们是通过口碑来找我的。我知道这听起来很不可思议。当时，连我都对发生的事情感到敬畏。我内在有一小部分还在疑惑，这只是侥幸吗？

我必须告诉你，最终说服我的是我与客户之间的一次经历。来找我的大多数客户都受税务问题的困扰。他们正在接受审计，需要我代表他们去国税局（IRS）。我的一些客户确信他们最终会欠下数万美元。通常，这是一种压力很大的情况，可能会产生可怕的后果。然而，我并没有陷入忧虑或期待之中。我完全放手，尽可能多地待在零。我在那些审计过程中应用这种技术时看到的结果是不可思议的。即使是最困难的审计也是以飞快的速度完成的。审计师会突然发现前年的一个错误，而这对我的客户有利，或者意识到有一条规则应用不当，而这会让我的客户摆脱困境。

你瞧，当你放手交由内在，神奇的事就会发生！不幸的是，大多数时候，我们都有情绪和／或期待牵扯其中。我们焦灼地陷入对自己问题的思考。我在审计中总是得到很好的结果，是因为我没有让情绪牵扯其中，我也没有期待。所以，我能够百分之百地放手，每次都能为我的客户带来好的结果。

到2003年，我已经跟随夏威夷心理导师伊贺列卡拉·修蓝博士学习了几年，并且在实践荷欧波诺波诺。利用我的会计业务给我提供的财务担保，我在洛杉矶为拉丁裔社区开办了自己的广播和电视节目。这是我人生中第一次允许自己自由地投入到我想成为作家和演说家的愿望中去。我终于发现了我的真正激情：与他人分享曾经帮助过我的东西。我喜欢做一名自由会计师，但那不是我的激情所在，那是"工作"。我很早就选择了这个职业，是因为我天生就有数字天赋，别人告诉我就应该做这个。

在小地方开始的活动，在节目和远程课堂的帮助下开始扩大。2008年，虽然我因为将钱投资到演出里而负债累累，而且没有储蓄，但我还是决定放手我的会计办公室。人们认为我疯了才会关闭我的会计业务。一旦我做出那个"不合逻辑的"决定，我就开始收到来自世界各地的邀请。我开始环游世界，举办研讨会和会议，分享我获得个人与商业成功和财务自由的简单方法。应该指出，在我开始举办这些研讨会和会议的时候，我甚至没有接近我在会计业务中获得的六位数的年收入。我的理性总是切合实际，绝不会做出那样的决定！因此，在做出"不合逻辑的"决定开始我的会计业务多年后，我再次感到必须放手，尽管在经济上这看起来真的很疯狂！我关闭了我的会计办公室，全心全意地投入到我的热情中。再一次，我信任了我的心，我放手了。

我又有机会重新开始，从零开始，这是宇宙给我的最好礼物！要知道，我从未接受过任何公开演讲或写作方面的训练。直到今天，来自世界各地的人们不断地告诉我，我的书改变了他们的生活，它们已被翻译成近 20 种文字并出版。自 2008 年我结束会计生涯以来，来自世界各地的电子邮件和对我的书的授权出版许可从未停止。我的研讨会日程要求我奔赴各大洲。我还需要多说几句吗？所有这些都是因为我所做的"不合逻辑的"决定。

你必须相信自己。那些认为你的梦想是愚蠢的或你的决定是疯狂的人，只是在表达你内心的疑虑。他们展示了你自己的恐惧。当他们说："你确定吗？"那是你在自问自己的确定性。

解决这个问题的方法不是要搞定那些怀疑你的人。专注于当下，放手并信任。即使你不知道所有的答案也没关系。即使你不知道如何实现你的梦想，那也没关系。留给宇宙吧。我意识到你可能还不知道怎么做。那好吧，本书会告诉你该怎么做。

我是阿根廷裔犹太人。我认为自己是一个知识分子，我受过良好的教育。我在阿根廷有两个学位（注册会计师和工商管理执照）。我的太阳星座是处女座，这让我脚踏实地，善于看到和预见所有的负面。我的故事是一个很好地说明一个人如何能够改变，并变得不那么傲慢且更加谦逊的例子。如果我学会了说"我不知道"，那就意味着任何人都能做到！

零频率感觉起来像什么？

当我还是会计师的时候，我早上起床时会想，哦，天哪，我还有很多事要做！我该怎么做呢？我总是感到压力，总是在争取更多，总是担心结果。

一天早上，我原计划去一个客户的办公室，但那天我有很多工作要重新安排。问题是我做不到，因为我已经重新安排一次了。我选择不去担心它。我放手了，几分钟后，电话铃响了。我的客户取消了他们的预约，并要求安排另一个时间！

在零频率下，事情会得到解决，压力只会持续片刻。一旦我开始安住在零，我的日子就变得很容易。这是你放手后会有的结果。宇宙接管并为你安排。突然，你没有感到不知所措，而是感到平静。一切都就位了。事实上，每件事的安排比你想要实现梦想而做的还要好。你从未想过要开启的门会被打开，你甚至都不知道它的存在。这就是我的人生如何转变的。这就是数百万处于水深火热的波多黎各人民如何得到食物的。这就是你的梦想将如何实现。

在当今这个繁忙而复杂的世界里，人们很容易就能上路，奔向某个地方。我们的车里有 GPS 系统，手机里有地图，口袋里有待办事项清单。因为我们可以把所有已经完成的事情划掉，我们让自己确信我们是有效率的，甚至赞美我们自己同时做很多事情的能力。当然，我们需要做一些事情来养活我们的家庭，支付抵押贷款，让老板高兴。但我们不能做的是，总在我们的生活中找寻绿灯。我们需要找到黄灯和红灯，让我们可以停下来，只是待着。我们不应害怕允许我们与自己在一起的平静与静默。

有一位修行人经常谈到，在我们人生的旅途中，我们只看到箭头：要去的地方和要走的方向。我们大多数人从来没有注意到一路上的另一个符号：零标记。他在树林里散步，偶然发现一块石头上有个零记号，他意识到这意味着他已经到达目的地了。不幸的是，我们的心智不允许我们看到这一点。心智只看到箭头。

我们每个人都要在自己的生活中找到零标记——以便意识到我们需要停下来歇一下。这些符号到处都是，不仅仅是路上的石头，还有月亮、圆圈、黄灯和红灯。还可以是日落。零到处都是。"当下（now）"这个单词中间有个字母"o"是有原因的。它是零、虚空和知晓的象征。只有在当下——现在——我们才会意识到，没有什么地方比我们所在的地方更需要去的了。

当你安住在零时，你早上起床，即使你留意到那一天有问题要处理，你也不会担心，因为你比你所有的问题都重要。你以不同视角来看待境况，就好像你是一个观察者；你对任何结果都没有感情上的执着。你参与得越少，就越有主动权。当你处于零频率时，你会无缘无故地开心，无论发生什么，你都很平静。你用内在的眼光来看，而不是透过你过去的经历和所感知的局限的过滤器来看。

处于零时，你有意识地做决定，而不是出于反应。你更在当下，投入更多注意力。就像迈克尔·辛格说的，你意识到你在意识到。你现在懂得了有更多东西要给你，有一个更大的计划，而且你不是偶然来到这里。你知道一切都是这个计划的一部分，一切都很完美。

我知道这是真的，因为这是我的活法。这也是成千上万实践连接零频率的人的活法。当你开始连接零的时候，对自己要有耐心。这是最简单的方式，但你可能需要一些时间来充分体验它。这就像回到健身房，锻炼你多年没有集中精力的肌肉。你实践（锻炼）得越多，就越容易。随着时间的推移，处于零状态变得像呼吸一样自然。它会变成自动的。当你触摸音叉时，你可以听到振动的声音。你是否知道，如果附近有另一个同样频率的音叉，它将会振动并发声，而你都没有接触它？而且，如果周围有其他更高频率的音叉，它们将不受影响。这是非常重要的信息。我们以同样的频率吸引事物并受其影响。如果我们不喜欢我们吸引的东西，我们需要提高我们的频率。这正是我们连接到零的时候所做的。当你改变了，一切都会变。

回到零是你在每个片刻的选择。阅读本书，你会学到很多连接的方法。只要翻到大多数章节末尾的"连接到零频率"部分即可。一开始，你可能会认为这不管用。继续做！继续实践！你越放手，越信任，你获得的回报就越多。

你唯一的工作就是快乐

当我还在寻找我的道路时，我记得我告诉我的儿子们，他们当时还很年轻，他们人生中唯一的工作就是快乐。我当时不明白我在说什么，但现在我明白了。当你快乐的时候，你就在顺流中。完美的顺流会带你到正确的地方，在完美的时间，所有的时间，所有正确的人与你一起工作。突然间你就"走运了"。事情开始对你起作用，你会有时间、精力和意愿去做任何需要去做的事。当你快乐时，你就在零。因为你停止了思考和情感反应，你不再成为自己生活中的障碍。你永远是在当下的、自由的、开放的、觉知的。

零频率是一种体验。处于零时，灵感出现，给你完美的想法和解决方案。一旦你开始信任这个普遍真理，你就可以放松，要知道你并不孤单。你拥有整个宇宙的支持。现在你知道你可以选择零。你终于可以自由地享受和体验生命的神秘和神奇。

当你允许宇宙给你展示时，你会发现自己的本来面目，你将找到自己的目标和使命，你对自己感觉很好。你会意识到生命比你想象的重要得多。起床而后去上班，看电视而后睡觉——那不是活着。生活是一个令人兴奋的机会，我们都是非常重要的人。我们只是尚不知道，所以我们玩得很小。我们玩抑郁游戏。我们玩不够好游戏。

现在，就在这一秒，告诉宇宙："好的。我准备好了。让我看看。"

通往零的路

零频率不是目的地。它是一种生活方式，随着时间的推移，你会变得更好。在本书中，我组织了零频率的六个主要原则，在不断实践的情况下，它们将帮助你安在零，并体验你与生俱来的权利——慷慨和自由。本书被设计成零频率的实地指南，随着你不断增强的自律，你一次次地回到这个工具上。所以，请不要期待在本书的末尾"到达零"。再说一遍，这与目标或特定的目的地无关；这是一种生活方式——最简单的方式——这需要实践!

接下来的两章旨在唤醒你对自己和心灵科学的真理。在第四章到第十章中,你将发现不同的实践方法,可以更平静,可以处在零频率。你知道的,熟能生巧。选择那些与你产生共鸣的方法,实践、实践再实践。

• 第四章:实践负责任——你有能力改变你生活中的任何事情,包括你自己的任何事情。要做到这一点,你必须对生活中的每件事负起百分之百的责任。

• 第五章:实践纯真——让自己摆脱你习惯于相信的局限性,你必须重新开始像孩子一样思考,向生活的神奇和快乐敞开心扉!

• 第六章:实践信仰的飞跃——勇于冒险并让内在指引我们,是自具信任的最终行动,也是成功最重要的因素之一。

• 第七章:实践感恩——当你实践感恩时,无论你身处何种环境,你都会将你的振动提升到零频率,并连接到拥有所有可能性的零境界。

• 第八章:实践放手——自然是毫不费力的;它总是在顺流和丰盛中。如果我们放开控制,让宇宙领导,我们也可以体验这种状态。

• 第九章:实践平静——当我们心智平静时,我们的人生就会平静。当我们的人生平静了,我们周围人的人生就会有更多的平静。这就是我们如何共同创造一个平静的世界。

•第十章：实践丰盛——无缘无故地快乐以及平静的能力，是生活在真正的富足之中的。这种状态打开了大门，带来了机会，并确保你总在你需要东西的时候，你就拥有它。

请记住，处于零是目标；专注于过程而非结果。这是通往幸福和富足最简单的方式。当你打开你的心智，记住你的本来面目时，就没有必要设定目标、计划或者想办法清除道路上的"障碍"。重要的是你要开始绕过障碍。一切都在你内在，对你而言一切皆有可能。

当你翻开这一页时，谢谢你保持开放的心态。我很感激你在这里。

第二章
零频率：回到你自己的旅程

　　我们的功课是学会安在。安在的自由将使你摆脱压迫性作为。这里播下了真知的种子，它有能力把你带到所有世间知识之外。

——埃里克·珀尔

　　回想一下，曾经你允许自己活出你自己、相信你自己以及相信宇宙美善的时刻。试着回忆一下，曾经你基于自己天然的认知意识，跟随自己的心而做出决定的时刻，相信你的选择是正确的，即便你无法解释为什么。当你这样感受时，你就活在零频率状态。你就是真正的、真实的自己。

　　是什么让你来看这本书的？也许是一种生活还有更多的感觉？一种你可以经历更多、给予更多、爱更多的感觉？一种渴望踏入你所知道的在等着你的生活，只要你能找到路？你看到了吗？你已经知道你没有活出你自己。虽然你可能无法用语言来描述这种感觉，但你渴望回到零，回到你自己。

　　你可能认为你一直有活出你自己，但大多数时候你没有。对我们所有人来说都是如此。我们都习惯于关注他人的意见，不断寻求别人的认可，就像变色龙一样，根据他们对我们的期待而改变。我们对被拒绝的恐惧是如此之大，以至于我们中的绝大多数人为了被人接受，都愿意成为我们觉得别人需要我们成为的任何人，而不是信任我们自身的安在，信任我们的本来面目，信任我们心中对的感觉。即使我们独自一人，我们也对自己的安在感到不自在。我们的记忆不断地把我们带回到别人让我们感到不足的时候，那时因为我们没有按照他们想要的方式行动、说话或表现，我们感到被拒绝。

你不是那些被重播的记忆。每当你允许你的记忆控制你，你就是在让你的潜意识为你做出选择和决定。这些记忆占据了你的思想和感受。它们控制着你的生活。你以为你在做主，但你不是。

即使你得到外界的认可，即使别人对你感到满意和高兴，这种满足感也只是暂时的，因为那些陈旧的、破坏性的程序和记忆正在你的脑海中回放。当稍纵即逝的满足感消散时，你就会有一种空虚感。这种空虚源于我们对真实自我的背叛。这就是你想要的生活方式吗？真的吗？

最重要的是你对自己的看法。你必须完全按照自己的方式去爱和接受自己——永远如此。当你安好的时候，其他人也会认为你安好。当你认可并爱自己时，别人也会认可并爱你。这就是我们来到这个世界的方式，也是我们所有人心中真正希望活出的方式。

也许有些时候你不在乎别人怎么想。你对自己是如此地确信和自信，你内心是如此地美好和坚强，以至于你不担心别人说什么或想什么。直到那时，你才发现自己内心的真理：你是无敌的，一切皆有可能。瞧，当你是自己的时候，你知道天空才是极限。你拥抱了一条强大的宇宙法则。毫无疑问，你知晓了终极真理：我们都是无限的存在。

当你是真正的自己时，你会无端地感到快乐。你会为你是你而感觉很好。你不依赖于被认可或接受。哪怕不同你也安好。你在别人面前犯傻也是没有问题的。不管周围发生了什么，你都感到满足和平静。在零时，你是你，所以你在心里感到满足、完整和快乐。你知道自己可以征服世界。你知道没人能阻止你。你再次确信一切皆有可能。其他人认为的不再重要。这是一种幸福、纯粹且简单的状态。

这就是零频率，而这可以是你。

是什么让你远离零？

迈克尔·辛格在他的书《无拘无束的灵魂》（ *The Untethered Soul* ）里，解释了自我和他所说的"个人自我"之间的区别。他写道："你的自我是纯粹的意识流，它一直在流动。你的个人自我是你形成的身份，基于你内在的声音如何感知这股意识流和由此产生的思想模式。"

换句话说，你不是你的想法。你也不是你的感觉、你的记忆或你有限的信念。你的思想、感觉、记忆和信念只是在一遍遍地重复，而你听到了它们。当你注意到它们，就好像它们在告诉你真相一样，就好像这就是你的身份一样，而你依它们而行动时，你就立即离开零频率了。在你脑海中播放和重播的旧记忆和程序会让你失去平衡——并让你待在那里。意识到这一点很重要，因为唯一能阻止它们播放，并把自己带回到零的人是你。

辛格接着写道："一旦你意识到两者（自我和个人自我）间的区别，你就会从完全不同的角度看待自己。放手之道允许你解放你的能量，如此你就能解放你自己。"

那么，有哪些想法能阻止你成为你自己呢？我希望能抚慰你的理性。事实上，我们都是完美的被创造物；我们都是作为独特的生物而被创造出来的。"不完美"是我们所积累的错误判断、观点、信仰，以及记忆和程序——其中许多是古老的——有些是我们从祖先那里"继承"来的。

你必须放弃一切不是你的东西。你必须抹去你潜意识中控制你生活的记忆，让你自己被一个更智能的部分——你的超意识心智所引导。成为真正的你意味着放手并抹去你所有的程序、你所有先入为主的观念和痛苦的记忆。外面什么都没有，一切都在你内在。这就是为什么我总是告诉人们："我找到了做这件事的最简单的方式！你甚至都不需要挖掘，也无须思考、理解那些给你带来麻烦的记忆是什么。这个过程不需要记住痛苦的经历或触发经历。这只需简单地放手，允许上苍或宇宙——不管你想给这个神圣的力量起什么名字——抹去对你来说不再有用的东西。"

当你删除那些塑造你的世界的记忆和程序时，你也是在帮助其他人摆脱这些记忆和程序。让我举一个例子，我有时会在现场研讨会上演示这一点。我在黑板上写了一个问题，我问参与者："你们能看到问题吗？"

每个人都说："是的。"

然后我擦除了这个问题，我问他们："你们现在能看到吗？"

他们说："看不到。"

然后我写了另一个问题，但这一次我邀请了观众来删除它。我们这样做了几次，不同的人来到演讲台上擦除。然后我问他们："这说明了什么？有何感想？"

好吧，不管是谁把它从黑板上抹去，这个问题对每个人来说都是被抹去了。就如这个比喻的例子，在你内在被抹去的记忆，也会在你的家庭、你的亲戚和祖先内在被抹去。你甚至从后代中抹去它，因为我们都持有共同的记忆，这是我们在彼此生活中出现的原因。

你决定相信自己是什么的大多数内容都是虚假的，而且不能以任何方式定义你。那好，"擦除"并不意味着遗忘。不，我们不会陷入不记得的失忆状态。我们所放手的、被抹去的，是与这些记忆相关的以及经由它们创造出来的痛苦和评判。我们可以记住并观察它们，但我们不受它们对我们生活的负面影响，我们无须做出反应。

你不是你的问题、你的观点，或你的判断。你超越所有这一切。你是具有地球体验的宇宙存在。宇宙就在你内在，最明智的那部分你，才是真正的你！这是你活出幸福、平静、财富和成功之路上非常重要的认知。

起初，安住零——保持清醒——可能只持续很短时间。要做到这一点，需要自律和实践。你正在学习重新教育你的心智。而且，正如禅宗所说，心智就像猴子一样躁动不安。在当下——在零——你需要的一切近在咫尺。你与整个宇宙是一体的，你可以观察而不是参与。要知道，只要你问自己，或忖思，"我在零吗？"你不在。在零频率时，没有思考，没有疑问，没有自我。

在多云的日子里，我们常忘记太阳仍然照耀在云层之上。我们寻找那些云的间隙，当乌云散开时，我们可以看到晴朗的蓝天。我们的记忆和程序就像乌云，编造故事，不停地唠叨着，对我们耳提面命，哀叹着过去，后悔着过去，担心着未来。当你是你自己，回到零，你再次活在当下。你在云层中创造了一个突破口，让阳光重新照回来。

你唯一的工作是重新成为真正的你自己；你必须记住如

何简单地在。你必须放下你心智中所有的知识和信念，忘记你教会自己的每件事，这样你才能重新与你自己的智慧、你真正的自己、你内心的智慧连接在一起。

当你与内在的节奏连接，当你只是简单地在，你就在你天然和独特的节奏里。你与宇宙是一体的。在那顺流中，在正确的时间，它毫不费力地把你带到正确的地点，遇到正确的人。你在零频率。

当一切都完美且正确

现在是时候认识到，对你而言，活出本来是一切正确和完美的关键。你不知道，也无法知道这是什么。找到答案的方法是让自己回到零，并允许你内心深处知道的那部分展示给你看。这并不意味着你将过上没有问题的生活。许多人认为幸福的正确定义是一种没有问题的生活。然而，事实并非如此。生活在现在和将来都是关于问题的，因为没有挑战，我们就没有成长的机会。生活将会因为没有问题而无聊！我们在这里是为了进化、改变和成长。我们来到这里是为了从我们的经历中吸取教训，找到每个挑战背后的祝福，并重新发现我们的真实身份。

我们唯一可以这么做方法就是放手由内在。我们必须许可我们内在创造了我们的那部分，它比谁都更知道，知道什么对我们来说是好的。宇宙只是在等我们。所以，醒来吧，打开门，放手，这样你就可以回到零频率，回到你真正的自己。

当我开启回到自己的旅程时，我的生活发生了巨大的变化。这是我人生中第一次感到自由，我接受了这样一个事实：我对自己经历中发生的每件事都负有百分之百的责任。在此之前，就像我们所有人一样，我在绝望的海洋里创造着自己的混乱现实，而我甚至不知道它。和你一样，我试图让自己相信我尽在掌握，而事实正好相反。

当我遇到我的老师时，我醒来，开始了回到自己的旅程，发现我的快乐和自由并不依赖于自己之外的任何人或任何东西。当这件事发生时，我开始感觉比我想象的更轻松、更快乐、更满足。我意识到我不需要完美。这对我来说是个大问题，总是试图成为完美的母亲和妻子，更糟的是，做一个完美的会计！这才叫不可能！

我们中没有人是完美的，在我们理解这个想法的意义上也是不完美的。我们都是独一无二的。我们每个人生来就有自己的天赋和才能，都有一个地球上其他人不会来实现的目标。这个星球上没有其他人能做你能做的事，完全如你所做的那样。要知道在你内在有一个完美的部分，内在知道一切。你是特殊的孩子。

当我意识到我现在一切都好，不需要在世界上完美的时候，我就去了注册会计师事务所的合伙人那里，告诉他们我不会再为他们做税务调查了。他们很惊讶，并问为什么，他们说我过去做的工作非常不错。

我解释说，虽然我能做到，但税务调查并不是我独特的才能之一。当然，办公室里还有其他人，他们天然很擅长这份工作，他们可能比我快得多。我还指出，让他们代替我，公司会赚更多的钱。你瞧，我最擅长准备税、会计和达成最后期限。我也可以在更短的时间内解决问题，完成更多任务。然而，在税务研究方面，其他人比我好得多。

我们每个人都有自己独特的才能，在某些领域我们天生就有天赋超越他人。能认出这个很好。当我回到活出本来的时候，我独特的天赋对我来说变得非常清晰。

许多年前，我参加了一个研讨会，有人问我："因为你热爱它，它给了你满足感，即使没有报酬你也会去做，你会做什么?"当时，我在致力于我的会计和税务准备工作。但我并不是真的快乐。我没有活出我的激情。我回答说："我会周游世界，与其他人分享那些对我有帮助的东西。"

我们内在肯定有某个部分是知道的。正如我早些时候所分享的，几年后，我离开了我的会计业务来做这件事。我最终信任并实现了我灵魂的目标。我所接受的所有自助训练，都是为了我自己，为了我自己的成长。我接受训练从来不是为了我想教书甚至改变职业的想法。我是从推动和组织那些对我的生活产生了深远影响的老师的培训开始的。

然后有一天，我偶然发现了我的激情，这条路对我来说是正确与完美的。我的老师告诉我他即将退休。那时，我正在协助他，甚至和他一起"正式地"教学。我们刚结束一场培训回来，他说："请把我的照片从传单上拿掉，我不再教课了。"

这是我第一次想到："也许我能做到。"

到那时为止，教学只是我的业余爱好，也是我周末活动的一部分。我请求他去冥想，向内在询问：教学是否是我应该做的事。他照做了，答案是可行。然后他又说："你只要做自己就行了。不需要学习，也无须获得头衔。"

在我这份新的职业生涯中，我很早就认识到我的老师是多么正确。当我在为发表演讲做准备而忧心忡忡时，他告诉我要相信自己，要发自内心地说话。他解释说，如果我计划好我要说的话，我就会失去我的自发性。当我放手并让话语流淌时，我知道我此刻是纯粹的自己，在那一刻对那些观众而言正确与完美的话语会流经我。

首先要记住，除了活出本来之外，你不需要做任何其他事。你不应忠诚于限制你灵魂表达的任何人或任何东西。你不依赖于别人的接纳。放松点。一旦你到达零频率，你会发现自己感觉很自在。奖励会倍增，奇迹会发生。所有这些都会毫不费力不请自来。张开你的翅膀飞翔吧！

倾听你的心……这就是智慧之所在

当我们失去自己的魔力时，我们退回到把理智置于心灵之上，这是我们大多数人习惯的做法。我们走向了亨利·大卫·梭罗所说的"寂静绝望的生活"，充满了空虚的感觉。零频率是指你回到完美意识的神奇状态，绕过理智，让灵感回流到你心中。

无论你有多少学位或者你有多聪明，你都无法用你的理智到达那种纯粹的觉知境界。零频率是一种体验，既不能描述也无法用逻辑解释。你的理智将难以理解本书中的简单概念，但要想理解，你必须把你的意识心智放在一边，让你的心灵来指引你。零频率可能会对理智讲话，但它是为了心灵，教导你如何解放你的灵魂，回到所有喜悦的源头。

零频率引导你在解决问题时倾听内在的声音和灵感，而不是关注程序或最初造成所有问题的记忆。通过学习如何有意识地接入你本自具足的智慧，每次当你的理智试图把你从当下时刻带走时，你能够将自己带回零频率。

其秘密就在你心里。你所要做的就是学会如何放手，重新连接你的本质。你的真实身份是你自由的关键。（译注：到底谁不自由？因何不自由？）这种自由要求你变得更有意识、更在当下，因为当你变得觉知，魔法就会发生。处在零频率时你会发现自己已经拥有自己所需要的一切，你一直都拥有它，没有对错，你在当下并且一直都是纯粹的心灵。你将像上苍看待这个世界那样看待这个世界，接纳一切在当下都是完美的。你将经历超越理解的平静。

你不能做两个主人的仆人。要么活出零频率的灵感（天堂），要么活出你的程序（地狱）。选择在你。

旅程开始了……

在我们无意识的状态下，我们离我们真实的自己十万八千里远，无法看到我们所需要的一切就在我们面前。我们从未真正地在当下去相信，相反，理智的声音告诉我们它更懂，由于如此，模糊了我们觉察中所有其他的选择和可能性。僵化的理智性期待让我们看向所有错误的地方，问所有错误的问题。我们被教导说相信我们的心灵是一种软弱的表现，所以我们忽略了我们应该倾听的声音，灵感的声音。

当你处于零时，你的理智、情绪和潜意识中的记忆不再支配你。你是自由的。你成为一个开放的通道，接收正确的想法和完美的解决方案。于此你开始听到你从未听说过的事情。你成为一个观察者，注意到你从未见过的东西。

你是唯一能从自己有毒及破坏性记忆和程序中解脱出来，开始回到自己之旅程的人。是的，你可以逃离你为自己创造的评判、观点和信念。简而言之，你可以逃离自己心智中的暴政。当你摆脱了那些在你有生之年积累起来的愚蠢荒谬，你就会回到零频率，能够毫不费力地与宇宙中所有美好事物一起繁荣和顺流。

在下一章中，我将解释你的心智是如何运作的，这样你就能最终放弃对你的负面经历、感受和结果的自我评判。一旦你明白了你的心智是如何运作的，以及你如何才能让它为你效力，你将看到零频率为你提供了通往幸福、富足与平静最简单的方式。

不要害怕活出本来。回到真实的自己是一种实践和自律。比你想象的要容易。一旦你开始实践，它就会变得很自然。这就像多年之后再次骑自行车一样。一切都会回到你。你只是已经忘记了自己的本来。现在是时候该记住了，并开始回到自己的旅程——回家的旅程。

连接到零频率

1. 当受限的想法或怀疑将你带回过去时，它们没有给你留下成为真正的自己的余地。从压力中解脱出来的一个简单方法就是微笑。是的，真的！2012 年的一项研究①发现保持微笑——甚至是强迫微笑——会改变你大脑的化学反应，给你带来生理和心理上的好处。

2. 抛开你的自我评判，成为观察者。记住，你不是那些想法、感觉和反应。当你阅读这本书并练习连接到零频率时，这一点尤为重要。当你是观察者时，你的行动和反应是来自过去还是来自你的本来，这就容易区分了。你的感觉能帮助你回归自己吗？那你的想法呢？你的习惯？注意到这些事情的这一简单行为，将帮助你从不真实的事物中解脱出来。你可以在心里重复一遍："我放手并信任。"

3. 我提到了迈克尔·辛格的好书《无拘无束的灵魂》。这里有一段你可以斟酌的节选："用拐杖走路的人（盲人）经常左右来回敲打。他们不是在找他们该走的路，而是在找他们不该走的路。他们正在寻找死路。"当我们处于零频率时，我们处于平衡。我们沿着道路的中央走，避开边缘（死路）。注意啦——你是在接近边缘，还是保持平衡在中间？

4. 给自己一份礼物：在每个人面前做你真实的自己。请记住，当你处于零频率时，你在顺流中，你的自然节奏与宇宙的节奏相连接。不必害怕在别人面前活出本来，你不需要依赖他们的认可才能快乐。用你的现身说法向他们展示他们也可以活出他们真实的自己。②

---

① "微笑并保持：被操纵的面部表情对压力反应的影响，"塔拉·L.卡夫，萨拉·D.普雷斯曼（《心理科学》，第23卷，第11期，2012年）。

② 在这里找到更多关于如何回归零频率的资源：zerofrequency.com/book。

第三章

你的心智实际是如何运作的

即使一个人在战场上征服了成千上万人，只有征服了
自己的人才能赢得他的战斗。

——佛陀的教导

如果你此刻在想，"如何才能像玛贝尔所声称的那样，很
容易地快乐、活出平静与丰盛呢?"我明白。你是一个寻求者，
你花了很多精力去创造一个新的生活。也许，就像我的许多学
生一样，你花了无数个小时试图说服自己积极思考。也许你试
图控制你的想法，写了许多页自我肯定，并试图想象一个具体
的成果，结果却是失望。

或者你只是试图通过意愿来解决你的问题。你实施新的策
略是为了改善你的财务状况。也许你在尝试一种新的减肥方法
在进行第十次减肥尝试。也许你为了吸引伴侣而彻底改变你的
外表。如果你从劳动中得到了一些收获，但你仍然感到不快乐
不满意，你可能已经开始认为这是你自己的错。"我只需要写
更多自我确认。"你对自己说。做得更好些。更努力尝试。

这不是你的错。这只是你被编程的方式，你心智工作的

方式。

我们不是我们的身体，也不是我们的心智。我们有三部分：超意识，这是你灵性的一面；显意识，是你的理智；潜意识（你的内在小孩），它就像一台电脑，储存着你的记忆和情感。你的意识心智能觉察到你的一些记忆，其他的则被深埋在你的潜意识里。你的生活环境和经历是过去的记忆、行动、行为和思想的真实反映，它们是由当前的情景和人触发并激活的。你能看到依赖你的意识心智是多么的有限了吗？

现在，考虑一下用自我确认和视觉化想象来吸引更好的生活。吸引力法则假定这些工具将帮助我们创造我们渴望的现实。根据大多数人理解这条定律的方式，假如你想要一个新房子，你应该想象一下房子的外观和你在房间里散步的感觉，打开烟囱，悠闲地在后院放松等等。其指引是感受你自己在你想要的实相中，就好像它已经发生了一样，通过这样做，给它能量，让它显化。

陶·诺瑞钱德在他的书《使用者的错觉：将意识降至最小》里解释说，意识心智每秒只使用16比特信息，而1100万比特信息——过去的记忆、经验和想法——正在你的潜意识中播放和回放，干扰它们。视觉化和积极思维只激活了那16比特，相信自己知道什么对你是正确的那个部分的你，因此，给内在下命令，告诉内在何时何地出现以及该做什么。

然而，你的显意识心智并不知道，在每一刻对你来说什么是正确和完美的；在你意识之外的数以百万计比特的信息中，那些受限的程序也在对你说话。有时音量太小，以至于你听不见它们在说什么，但它们仍然会产生吸引力。诸如以下想法：

- "我不够好。"
- "我没有受过良好的教育。"
- "我不配。"
- "生活很艰难。"
- "我没有足够多的钱。"
- "生活是不公平的。"

你认为这些想法会吸引什么样的现实？它们会无意识地引导你做出什么样的决定？它们将创造一种比你的积极意图更强大的相反力量。更糟糕的是，试图用你的意识，有限的心智来显化，会导致失望、暂时的补救或不想要的后果。索菲·亨肖博士在她题为《为什么积极确认不起作用》①的文章中说："积极确认不起作用的原因是它们针对的是你心智的显意识层面，而不是无意识层面。如果你所想要肯定的与某个根深蒂固的消极信念不一致，那么所有的努力将导致内心的挣扎。"

爱因斯坦说："我们无法用我们制造问题同等的思维来解决问题。"我们试图用我们的理智来解决问题——通过积极思考或其他外在变化——但它们并不存在。你的问题不在你的体内，不在你的外部世界，甚至不在你的心智中。

你的力量不是来自显意识心智，而是来自你与宇宙的连接。宇宙图书馆就在你内在。你真正的智慧寄居在心中。你知道一切，但你无法有意识地知道这一点。当你使用视觉化和确认时，你只使用了自认为它知道的那小部分，但在现实中，它并不知道。它并不知道某所房子是否适合你，也不知道你真正需要多少钱才能平安快乐。而你潜意识心智里的记忆可能会抵消你显意识的欲望。

我们需要一种系统、一种艺术，通过它我们的潜意识和超意识一起工作。荷欧波诺波诺是一种由夏威夷人创造的自我成长，世界各地的人们都在实践。它超越了吸引力法则。荷欧波诺波诺在你不知道的情况下，以每秒1100万比特的速度处理所有这些信息，而你不需要知道或确切地理解它是如何实现的。你所需要做的就是放手，允许在你内心深处比你更知道的那部分，释放任何受限程序并作出更正。

在本章中，我将分享更多关于你潜意识和超意识心智的内容，并提供给你一些简单的技巧来打破消极的模式。

你超意识心智的完美

你的天赋方面，你的一部分，无论你内在或外在发生了什么，都是完美和平静的，这就是你的超意识心智。它是知晓的那部分，而且，最重要的是，它一直都很清楚它是谁。你的超意识总是与上帝相连，并接入普遍的智慧。简单地说，你的超意识懂更多。它也明白一切都是完美的。

内在是你灵感的源泉，通过你的超意识与你沟通。当你被召唤去帮助别人时，当你被创造点什么的欲望所征服时，当你感受到另一座城市、一份工作甚至一种全新生活的诱惑时，那就是你的灵感。大多数人不响应召唤或创造事物，或追随他们对新事物的渴望。为什么？因为他们不信任它。他们想用显意识心智来接入他们的灵感，但是你无法用逻辑来测度。它如是存在。它是完美的。

你潜意识心智的力量

你的显意识是你理智的一面，你的超意识是你灵性的一面，你的潜意识是你身体和情感的一面。即使你没有意识到这一点，你的潜意识对你在生活中所显化出来的东西负有责任。我们相信我们是在有意识地生活，但我们实际上生活在潜意识心智里。

你的这一部分储存了你所有的记忆，是你的内在小孩，你的电脑银行。借鉴过去的经验和想法，你的这一部分在受苦，生活在恐惧中，它告诉你你不能做你想做的任何事，或者拥有你想要的任何东西。你的直觉也来自你的潜意识，它提醒你潜在的问题或危险。你的潜意识也运行着你的身体。你消化系统的消化和你心脏的跳动，都无须你思考或指导它如何做。你所经历的情绪和你在任何特定情景下的反应方式，都来自你潜意识中储存的记忆，它会自动播放，就像你的心脏会自动跳动一样。

所以，当你试图从某件事情中解脱出来，或者告诉自己要改变或做出不同反应时，你的潜意识心智有时会有不同的议程。如果你曾经想过，"为什么我无法弄明白呢?"或者，"为什么我还被困住了?"很可能你正试图用你的显意识心智去解决问题或者吸引一些东西，而你的潜意识却有其他的想法。

你在有形世界中的一切——你的人际关系、你的工作、你的家庭和财产、你的健康——都是你内心世界的反映。这是个好消息! 这意味着你可以学会与你的潜意识合作而非对抗它。你的潜意识很强大，当你关注它并积极地努力治愈过去的经历时，你可以利用这种力量，来使看似痛苦的任务看起来很容易。我的老师修蓝博士曾经说过: "如果你在找你最佳搭档，那就是它了。你的内在小孩（潜意识心智）。"你的潜意识可以合作找到通往成功最少障碍的正确道路。你可以响应你超意识心智的召唤，并根据你的灵感采取行动。如果你这么做了，你就是在迎接无限可能性。

你显意识心智的现实

理智唯一的工作就是选择。这是我们唯一有自由选择的那一部分。理智可以选择放手或是不放手。当你选择说"谢谢"或使用其他工具或技术来帮助你放手时，荷欧波诺波诺就开始在你的理智中清理。你的显意识心智决定放手那些植根于你过去的记忆，这是一个会进入潜意识的指令。然后潜意识与超意识建立联系。

在他"解锁心智力量"的研讨会上，科学家、讲师兼《你是安慰剂：让你的心智变得重要》一书作者乔·迪潘扎解释道："为了让我们真正改变，我们必须超越自己。这是转化的艺术之一。当我们真正在当下，我们就无法运行一个程序。当我们真正在当下，我们把我们的注意力从我们的身体，我们生活中的人、事物、地点，甚至时间上挪开，那就是我们成为纯粹意识的时刻。那一刻，我们不再受牛顿物理定律的影响……那一刻我们变成无名之人，没有人，没有东西，没有时间，那就是我们超越自己的一刻。正是在这个时刻，我们才能看到新的可能性，而这些可能性是我们无法从自己的程序和个性中看到的。"

找到你三部分的和谐

现在你已经意识到了你的三个部分——显意识、潜意识和超意识——你可以选择与它们和谐地合作，以帮助你创造你想要的生活。

无论发生什么，我们的超意识都是始终与上帝连接在一起的那一部分。它从不干扰理智和潜意识之间的关系，后两者就像母亲和孩子之间的关系，因为它知道一切都是完美的。

一旦被允许去行动，去抹去，那就是灵感的到来。它来自夏威夷人所称的法力或神圣能量。理智选择归零。潜意识与超意识有联系。超意识与内在相连。内在抹去，创造一个空的空间，然后灵感就来了。一旦一个记忆从潜意识中被抹去，它就会从物质层面中被抹去。

潜意识是很重要的，因为它除了是你显化人、经验和事物的那部分心智外，它还促进了与源头的连接。显意识心智无法直接进入源头；当显意识决定放手时，它需要潜意识与你的超意识心智建立连接。

或许这是一个更容易理解概念的方式。想象你是一台电脑。你有显意识（硬件）和潜意识（软件）。你有一个删除键，当你按下删除键时，你发送指令给你的超意识，你选择放手。你不需要了解计算机是如何工作的。你不需要看到电缆以及它们是如何连接的。它就是起作用了。你也是如此。你不需要理解它是如何工作的，也不需要看到一切是如何连接在一起的。你就是会起作用。

当你只改变物理层面时，就像在问题上加了个创可贴。如果你真的想解决问题，你需要对你的潜意识下功夫。创造了你物质世界的播放记忆是什么？这与别人如何对待你或阻碍你无关。这关乎你。随着你改变，一切都会改变，而不是相反。

与你的内在小孩沟通

在荷欧波诺波诺体系中，你的潜意识就是你的内在小孩。如果你知道你的内在小孩总是被忽视，那就不足为奇了。它确实被忽略了！到目前为止，你甚至还不知道它的存在。或者你对拥有一个内在孩子意味着什么仅有一个模糊的概念，但是你不知道这个角色在你生活中是如何发挥作用的。现在你知道了，现在你可以给予你的内在小孩它所需要的关注和爱。

想象你的内在小孩是所有你尚未解决的经历之记忆。你可能会认为你已经经历了一个麻烦事件，仅仅是因为你长大了，不再去想它了，但是你的内在小孩更清楚。除非你给予你的内在小孩它所渴望的关注，并帮助你的内心小孩治愈那些记忆，否则它将继续影响你的外在世界。许多不想要的经验，你直接的结果就是忽视你的内在小孩。如果你选择与你的内在小孩沟通，去爱它，好好照顾它，最终，让记忆消失，你将很容易利用你潜意识心智的力量，进入你的超意识心智，在灵感中生活——你此刻甚至无法想象的生活。

如果你认为所有关于你内在小孩的谈话都有点"不着边"的话，我能理解。当我第一次踏上我的灵性之路时，我也有同样的感觉。虽然我的理智告诉我这很愚蠢，但我还是决定考虑一下。例如，如果我感到担心或焦虑，我会告诉我的内在小孩："我爱你。一切都会好起来的。我们现在在一起了。我们没有什么可担心的。"如果我害怕结果，我会告诉她，"这是我们直接给内在的。我们甚至不尝试。"尽管我仍然怀疑它是否会起作用，与我的内在小孩交谈，使我平静下来。只需承认和安慰我的内在小孩，我就会在压力大的情况下感受到平静。

你瞧，你的内在小孩知道，理智不知道。这就是为什么，当你告诉你的孩子，"让我们把这个问题交给上苍吧，"它就会放松！

当我在阿根廷教书的时候，我遇到了一个15岁患有自闭症名叫露西娅的女孩。我问她，我怎样才能帮助我的成年学生与他们的内心小孩建立连接呢？露西娅告诉我："这很简单，玛贝尔！你带着爱呼叫她，她就出现了。你叫她的名字，她就出现了。"

这不是很美吗？你带着爱呼叫她，她就出现了。你叫她的名字，她就出现了。尽管我知道她说的是真话，但经验告诉我，成年人很难接受这些建议。然后我说："露西娅，这对你来说很容易，但我是在和成年人说话！"

她的祖母一直在听我们的谈话，她决定尝试一下露西娅的建议。这真灵！她能够与她的内在小孩建立连接。所以，当你此刻试图理解这件事时，如果你对连接到你的内在小孩感到困惑的话，请放手并臣服。这可能比你想象的要容易。

随着时间的推移，这种做法在意想不到的地方为我提供了解决方案。一天，在超市，我在想我的体重。我吃不同的食物已经一个多月了，但是每天早上我站在体重秤上，数值都是一样的。我决定和我的内在小孩聊一聊。我问她："这背后我们不想放手的是什么？因为无论我做什么，都没有用。"

回答以这样的想法呈现："香草冰激凌。"

我立刻对我的内在小孩说："当然，减肥后，我们会有很多香草冰激凌，但首先我们需要减肥！"

这时，我听到我的内在小孩说："首先，给我香草冰激凌，而后我会帮你。我会合作的。"

也许我要疯了，但就在那一刻，我决定让我的内在小孩知道我信任她。所以，我没有在超市买一加仑香草冰激凌，而是直接去冰激凌店要了一大份香草冰激凌筒。实际上我花了点时间在那里吃。我喜欢它，把它当作一次郊游，和我的内在小孩进行的一次有趣活动。第二天早上，令我惊讶的是，当我站在体重秤上，我轻了两磅！

我分享这个故事是因为我想让你意识到，当你问如何放手，如何删除旧的记忆，你会听到一些可笑的事情，你无论如何都应该照做！你没听错。永远相信你自己的灵感。

灵感与自我

真正的知晓来自灵感。但是当你做出一个选择，并试图对自己真实的时候，你怎么知道，你是来自你的程序（自我）还是来自灵感？通过相信你内心的感觉，而不是你的理智，你可以知道。其秘诀是无须思考就行动。这就是灵感。例如，如果一条蛇穿过你正在走的路，你会跳起来还是你会思考？如果你思考，你不会及时跳起来。在你做出决定之前，蛇会咬你。有一点你很清楚：你不想让蛇咬你！

这适用于生活中的每一件事。当你自然地、本能地做事时，事情就会顺其自然，而后你会意识到它们是做得很完美的事。相反，如果你停下来思考你的选择，一遍又一遍地分析它们，你就失去了你的自然节奏。你不再活出本来，一切都变得艰难。这是因为一旦你开始思考和担心，你就不再顺流。你不在零，所以灵感无法流经。你总是可以选择你想要增强心智中的哪一部分——让生活变得艰难的那一部分，或者让生活变得容易的那一部分。

灵感与直觉和梦想

修蓝博士用这种方式向我解释了灵感："灵感总是来自宇宙。这是一个原创的想法或新的信息。这通常是最好的解决办法，或者是无法解释的完美答案。"他还明确表示，不能把灵感与直觉混为一谈。直觉是我们重播记忆的一部分，从我们的潜意识中浮现出来。这是对过去已经发生过的事情的回忆，它来自你内在的某个部分（内在小孩），作为一种警告，它将再次发生，所以你可以避免它。

另一方面，灵感总是新的，总是在当下的。它不是来自过去的经验。它就像新鲜的空气，比你自己的呼吸都离你更近，每一次呼吸都会更新，可以每周7天每天24小时为你所用。灵感是免费的，但我们大多数人并不选择使用它。

梦也是重播的记忆。梦可以是前兆，也可以是先前经历的回放。不管是哪种情况，它们都是修正和放手的机会，你甚至不需要理解它们。你明白为什么我们在零频率时说我们需要一天放手24小时吗？你实际上可以阻止事情的发生，因为你在梦中对它们进行了研究。但是，如果灵感也出现在你的梦中，请不要感到惊讶。有些人在梦中找到答案、创新的想法和解决他们问题的方法。

只有当我们以开放的心和没有过滤器的方式与宇宙连接时，灵感才会到来。灵感似乎是无中生有的自发想法。它们是从稀薄的空气中冒出来。它们在这一刻可能甚至没有什么意义，但它们最终会是你永远不会想到的完美解决方案。我有过几次这样的重大经历，每次我都信任了那些不确定、未知和无法解释的，其结果都是惊人的。我学会了信任并跟随我的心（灵感），而不是我的理智（自我）。我的理智告诉我的一切都是常识。然而，我的心告诉我的是信任、放手，去争取它。

在我的个人生活中，正如我在书的第一章中所分享的那样，我所做的决定对自我来说是不合逻辑的，但那是跟随了我内心的灵感而做出的。我离开了一段婚姻和一份有保障的会计工作，开始了我自己的私人会计业务，这是成功的。后来，我撒下了这份成功而有保障的生活，开始了我作为一名灵性导师的道路，举办研讨会和写书，唤醒世界各地的人们。在我放手的每一步，我都信任并接入灵感。

左脑与右脑

1996 年，由哈佛大学训练的科学家、神经解剖学家吉尔·博尔特·泰勒博士在她的左脑半球发生了一次大规模中风。突然间，这位成就卓著的女人，用她的大脑创造了一种生活，她不能走路，不能说话，也不记得她的生活。博尔特·泰勒博士需要花八年时间才能恢复她全部的身体能力和思维能力。

在她的书《左脑中风右脑开悟》（*My stroke of insight*）里，她把自己的左脑称为"故事讲述者"。她说："当我的左脑语言中心恢复并重新发挥功能时，我花了很多时间观察我的故事讲述者如何根据最少的信息得出结论。很久以来，我觉得我的故事讲述者的这些荒唐动作相当滑稽。直到我意识到我的左脑心智，满心期待我大脑的其他部分都相信它编造的故事！我们应该永远铭记，在我们所知道的和我们认为我们所知道的之间有巨大的差距。我了解到，我需要非常小心我的故事讲述者煽动剧情和创伤的潜力。"

根据加州圣何塞的心脏数学研究所的说法，大脑不仅在向心脏发送信息，而且心脏也会回传信息。这一发现起源于心理生理学领域的研究人员约翰·莱西和比阿特丽斯·莱西的工作。两位莱西观察到，心脏向大脑发送信息，影响我们如何看待世界，甚至影响我们的表现。

你的左脑半球创造了所有的故事、忧虑和恐惧，使你无法活在当下。这就是为什么我称其为"戏剧女王"。当你的左脑开始编造剧情，创造那些故事时，让你自己回到当下。回到零，在那里你可以活在上帝宇宙的顺流中，它将永远将你置于正确的地点、正确的时间，带给你正确的人。

正如吉尔·博尔特·泰勒博士在她的书中与我们分享的那样："我的右脑心智对新的可能性是开放的，并且进行盒外思考。它不受创造了盒子的左脑心智制定的规则和惯例的限制。因此，我的右脑心智很有创造力，它愿意尝试一些新的东西。"

理解了你的左脑和右脑是如何工作的，对你读这本书并实践其中的技巧，可以让你过上更快乐、更平静的生活。回到当下，你可以告诉自己："这只是我的左脑心智在讲的故事。我不相信它。"是的，这是一个简单，容易到达零频率的方法。

连接到零频率

马修·大卫·赫塔多谈到了一个他称之为"允许"的变革过程。他说："允许不是一个软弱的过程，即你屈服并说，'好吧，我臣服。你赢了。'一旦你将心智赶下台，就一劳永逸地如此。"因此，当你臣服时，你就达到了赫塔多所说的允许的存在状态。

　　那么，你如何（暂时）与你逻辑的显意识心智脱节，进入你的潜意识心智呢？你怎么能像赫塔多所说的那样，进入"允许的存在状态"呢？最简单的方法就是破坏你的注意力。以下是一些只需几秒钟的建议。随着时间的推移，你会发现这些技术会很自然地发挥作用。

　　1. 在这一章中，你了解到你的大脑就像一台电脑。当你注意到一个想法或担忧时，请记住，它只是向你展示你在潜意识心智中重播记忆的显示器。给你的大脑下指令，就像给你的电脑下指令一样。只需告诉你的大脑："删除"或"我按下删除键。"你就是在选择放手，而不是反应或纠缠。不要让你的大脑主导你！它只是重播的记忆而已。

　　2. 在心里对你的内在小孩说话，就像你在和一个小孩子说话一样，并向他保证你不会抛弃他。"你没事的。我们是在一起的。没什么好担心的。"找出最适合你需求的词。你可以亲切地请求你的孩子："求你了，放手吧。"

　　3. 另一种停止陷入消极思维模式的方法，是友善地告诉你的大脑："够了。我很忙。"这将帮助你回到当下时刻，而不参与这些想法。

　　4. 当你想敞开心扉，以不同的方式去看问题，并改变你的情绪和对它的看法时，请休息一下。去到不同的地方：到外面去，坐在你房子或工作地点的另一个房间里，那一刻你怎么方便怎么来。只要几分钟，就会有很大的不同。

5. 当我们关注灵感时，它会引领我们回到零，回到我们真实的自己。我们如此经常忽视或忘记这个以心为中心的指引，因为我们立即陷入了试图决定是否应该遵循它的困境。保持与灵感连接的一个好方法是把自己从日常生活的装点中移开，到一个充满敬畏的地方去。也许那个地方靠近水，或者在山上，甚至在你的后院。或者那个地方在艺术博物馆或者安静的教堂里。无论你的那个地方在何处，对自然、艺术或灵性之美的崇敬都会让你的心智平静下来，这样你就能听到灵感的呼声。

6. 开启你的灵感很容易——你所要做的就是发问并留意它的指引。一个谢谢和我爱你将帮助你平息你喋喋不休的心智，并允许灵感的到来。是的，你必须允许灵感进入你的生活。它不会侵犯你的隐私，也不会像自我那样强迫你。②

---

① https://psychcentral.com/blog/why-positive-affirmations-dont-work/。
② 在这里找到更多关于如何回归零频率的资源：zerofrequency.com/book。

第四章

实践负责

　　如果你想成功，你必须对你生命中经验的每件事负起百分之百的责任。

　　　　　　　　　　　　　　——杰克·坎菲尔德

　　有一次，我在费城参加一次荷欧波诺波诺培训。那不是我第一次参加，我一直尽可能多地回去向我的老师学习，因为每次我去的时候，我都会觉察到一些我之前没有意识到的东西——一种新的领悟。

　　在这次特别活动中，我的老师谈到了对我们生活中的每件事百分百承担责任的重要性。我以前听闻过他的智慧好几次，虽然我相信他，但我并没有完全接受他的智慧。我当时不高兴。我是一个总是试图改变身边人的人，我从来不满足于我所拥有的物质。我试图让事情变成"我的方式"。我是对的，其他人都错了。

　　然后，突然，我明白了。"哦！"我在想，"如果是我创造了一切，而且我百分之百负责，那就意味着我可以改变它。"

　　这是我有生以来第一次感到自由。我内心真的很快乐，因为我意识到我有能力改变任何我想要改变的生活。我花了那么多的时间和精力去改变别人，去让我的生活看起来和感觉起来像我想要的样子和感觉，但这从未成功过。为什么？因为你无法改变别人，而改变自己要容易得多。为了让每个人都与我做事的方式保持一致，我让别人对我自己的幸福、繁荣、健康和心灵的平静负责。你明白我为什么终于感到自由了吗？这是我第一次明白这个教训：我负有责任，这意味着我可以随意创造和改变。我恢复了我的能力。

我们倾向于认为"责任"是一个有分量的词，是某些我们必须做的事情。但实际上，就我们自己的生活而言，承担责任是一个美好的机会，能带来不可估量的回报。你看，当你埋怨别人或抱怨一个似乎不在你掌控之内的情况时，你就是在交出你的力量。你依靠别人来解决问题，让你感觉更好，让你感到被爱，为你提供东西等。当你以这些方式依赖他人时，你不可能真正快乐。

实践责任。它是零频率最重要的基础，如果没有它，你将发现很难到达零。当你确实实践百分百负责任，你会立即回到当下，变得更有意识，并让自己自由。

百分之百负责任意味着什么？

传说，当欧洲征服者的船只接近美洲海岸时，土著人看不到它们，因为他们心智中没有解读这些信息的"程序"。"现实"——你在外在所看到的——是你自己的感知及解读的结果。

承担百分百的责任意味着把一切都看作是你内心运行的某些东西的一种表达。我知道你体验到你外在生活中发生的一切是非常真实的，但事实是，你用你的想法创造了你自己的现实。你可能以前听过这个说法，但我指的并不是显化，我指的是你的大脑是如何处理信息的。你的眼睛只探测到大脑发送给它们的信息。重要的是要明白，每个人的看法并不都是跟你一样的。你"看到"的东西是透过你内部的过滤器解读的，这些过滤器受限于你以前的编程。换句话说，你透过你自己的记忆和程序看到（解读）。在上一章中，你了解到这是你潜意识心智的功能。理解你的心智如何处理信息的，将帮助你变得更有耐心，并接纳其他人的观点。

你对自己解读现实的方式和你吸引到生活中的不同情况负有百分之百的责任。我们都熟悉吸引力定律。现在，你必须知道，你吸引的现实不仅仅是由你觉察到的和在你显意识心智中思考的东西决定的。它也是你在你的潜意识心智中持有的记忆的呈现和结果，在持续重播、创造和再造着"现实"。

大多数情况下，目前发生的事件并不是由过去发生的情况引起的。它们是由过去的行为，你童年时的经历，你一直坚持的信念，甚至你在出生时可能做出的决定造成的。有时候记忆是显而易见的，你可以很容易地认出它们。它们表现为你的反应、你的信念、你的观点和判断。现在你可以选择不买它们的账，而且不与它们纠葛。你可以选择不同的想法，采取不同的态度。你有自由选择。你是唯一一个可以放弃你有限的想法和信念的人。

接受百分之百的责任并不意味着你犯了什么错。请不要把责任和内疚混为一谈。每件事都是你自己的记忆重复自身的产物，你可以选择放手。只需按下删除键，无须与显示器争论不休。

你可以改变你生活中的一切。你创造了你的生活，你内心有力量去改变它！就像我参加了几次培训才能完全理解负起百分百的责任意味着什么一样，你可能需要不止一次地回到这一章来提醒自己。在处理这件事时，要对自己有耐心。真相将会出现。

你是受害者吗？

尼克·胡哲出生时没有胳膊和腿，他只有一只脚，但没有腿。尽管有这些挑战，尼克还是自己处理日常琐事。他穿着衣服，打扫卫生，做饭，上下楼梯，在电脑上每分钟输入 43 个单词，甚至在游泳池里游泳！他在心情很好的时候就做这些！你可以在 YouTube 上看到他。

他没有手臂，没有腿，没有问题！他发表励志演讲，我认为没有比尼克更有资格这样做的人了。

如果尼克缺少什么，那就是受害者的心态。为什么？也许答案在约翰·加德纳的话里，他曾是美国卫生、教育和福利部部长："自怜无疑是非药物毒品中最具破坏性的一种；它会使人上瘾，给人暂时的快乐，并将受害者与现实隔离开来。"

在零频率中，我们说自怜是一种上瘾症，是一种记忆重播。它已经在我们的心智中播放和回放太久了，对我们来说，它变得如此自然，以至于我们很难放下。这些想法不停地在我们心智中播放："我做不到……我不具备它所需的……我不配……我不如……"

就显意识而言，我们不认为我们把自己看作是受害者，能从中得到任何好处或回报，但这不是真的。我们永远不会承认，但作为一个"受害者"，我们可能会得到更多的关注和关心。也许有人会为我们提供帮助，我们不需要付出任何努力，也不需要走出我们的舒适区。

当我在罗马尼亚做荷欧波诺波诺培训时，我遇到了两个姐妹。第一天结束后，她们来到房间前面和我谈话。在培训时我并没有留意到她们，她们一直坐在房间的后面。

其中一个女人似乎很激动。我叫她卡佳。她解释说，她非常生气，因为她来参加培训，是希望我能治愈她妹妹的心理疾病。我看了看她的妹妹——我会叫她西尔维——这时我发现她在神游，她和现实没有连接。

　　我和卡佳交谈了大约 30 分钟，强化了她那天学到的关于放弃期待、信任等的知识。她还在生我的气，因为她想让她的妹妹变得"正常"。

　　然后我说："你想让你妹妹像你一样？是这样吗？你想让她生气和沮丧，因为这对你来说是正常的。当我看着你妹妹的时候，我发现她很好。她很开心。她没什么问题——而你认为她有问题。"

　　卡佳仍在生我的气，就带着她妹妹走了。我以为她们第二天不会再来了，但她们又来了。

　　培训的第二天互动性非常强。这一次，我马上就留意到了这对姐妹。事实上，西尔维看起来似乎是另外一个人。她参与并完成了所有的练习。卡佳看起来也不一样了。她微笑着拥抱着人们。在培训的最后，她和大家一起跳舞。仔细观察她，我看得出来她已经体验到自由了。那一整天，我一直都在想，到底是怎么一回事？是什么发生改变了？

　　下课后，我找到了这对姐妹，我问卡佳是什么变了。

　　"昨晚我获得一个启示，"她解释道，"我突然知道西尔维的心理残疾本来是为我准备的，但她的灵魂选择承担它，这样我就不必承担了。"

　　啊，这可能是真的，也可能不是，但卡佳的态度与前一天截然不同了，她从一个新的角度来看待与她妹妹的情况。她不再视自己为受害者并且不再认为西尔维"不正常"了。

不管你的处境如何，认为自己是受害者是没有好处的。如果你是受害者，你就无能为力。记住，依靠自己以外的任何人或任何东西，都会让你既不富裕也不快乐。

别自欺欺人。做受害者没什么好处。也许你会得到关注，但最终，它会对你不利。所以，如果你发现自己在"扮演受害者"，想想那些真正受限的人。感谢你拥有的一切以及生活给予你的一切可能性。放手，选择让自己摆脱对受害者的上瘾。如果你假定你是自己实相的创造者，但同时你又把自己看作是受害者，那你就是在放弃你的力量。在那一刻，你不再是自己命运的主宰，你任由命运摆布。你任由别人摆布。你在选择一种很好的替代应对方式，那就是舒适感。

"不受你控制"的事

在我们或我们周围人的生活中，一旦面对痛苦、艰难甚至悲惨的处境，是很难百分之百负起责任的。重要的是要明白，悲剧本身，或发生了什么，或别人对你做了什么并不重要，而你面对这些发生，你如何处理你所做的决定才重要。你可以选择将自己视为受害者，也可以选择从所发生的事情中吸取教训。你可以从所发生的事情中成长。你可以因为所发生的事，而成为一个更好的人并且去帮助他人。

有时，负面的结果是关闭一扇门，以便开启另一扇门。在你心里知道新的机会会到来。专注于你所做的和你所想的，以及你所采取的行动和你所作的决定，不要把注意力放在那些"冤枉"了你的人身上。这太重要了。祝他们一切都好。如果有人确实冤枉你了，那是他们的问题，不是你的问题。上帝在见证一切，一切都会还回去的。

大多数时候，我们在熟睡，我们对我们如何回应一个悲剧或消极生活事件未负起责任。当我们反复这样做时，我们最终会被关在心智的监牢里。是时候该醒来了，让自己自由！

牙买加心灵导师穆吉在 2008 年的一次采访中分享了如下见解[①]："我不觉得这个宇宙是复仇性的，我觉得它是校正性的。它为你提供了无数的机会，使你能够在某种程度上进化。即使我们似乎受到了惩罚，这实际上是一种恩典行为，尽管起初我们不知道如何欣赏它。你经常对错误的人——那个让你此刻感到甜蜜的人——说谢谢。你对巧克力的美味时刻说谢谢。但是对那些会咬你、碾轧你和挤压你的东西，你不会说谢谢。但这些事情改变了你的存在，让你获得智慧的经验。"

穆吉接着讲述了他访问西班牙时发生的一个故事。一个人来找他，向他求一个咒语。穆吉告诉他，他会给他一个通用的咒语，最好的咒语，任何人都可以念的咒语。这个咒语是谢谢。他解释道："只需持续说谢谢就行了。不要解释，不要抱怨，只要说谢谢就行了。对存在说谢谢。你不必为它辩解。不知怎么的，你的存在被净化了并且复活了。感谢所有出现在你生命中的众生。如果你不明白他们给你带来了什么，说谢谢。如果你被踢了，也许你不会马上说谢谢，但是你内心的某部分则会。说谢谢，看看会发生什么。"

谢谢创造奇迹。它会改变你和你周围的人。让我举一个例子。我在洛杉矶的一位学员告诉我他被抢劫了。他的回应是对强盗说谢谢。当他这样做后，强盗开始把他拿走的一切都还给他，并问他："你住哪里？"当我的学员告诉他在哪里，强盗说："那不是一个安全的社区。让我陪你一起去吧。"强盗充当他的保镖！

有些人认为这太难以置信了，然而，这只是众多故事中的一个。我在巴拉圭举办的研讨会上讲了这个故事。其中一位参与者告诉我，类似的事情曾发生在她身上。"我感谢了那位强盗，试图说服他拿走我的手表，它非常昂贵，"她告诉我。强盗拒绝了，把她的东西还给了她，最后他们一起出去喝咖啡！

当你放手，你就是在打开一盏灯，而且你这样做不仅仅是好了你自己。当你为自己打开灯时，它也在为每个人打开。光是无分别的。我们生活在万物互联的宇宙中！比方说谢谢或我爱你，会让我们在这个世界上传播更多的爱、幸福与平静。仅仅是说谢谢，你就可以在这个世界上做出很大的改变。

你的借口是什么？

借口是合理的、正当的恐惧，使我们陷入困境。如果我们听信了它们的话，我们就会将控制权交由我们的恐惧，会错过许多机会。典型的借口可能是我们承认有些事太难了，或者我们没有时间或金钱，或者我们只是把自己无所作为的原因归咎于其他人或环境。和对所有的记忆那样，我们所能做的就是按下删除键，然后放手。

当你有借口的时候，要意识到这只是一个记忆在重播。不要相信它。留意并活在当下。要自信。信任。勇敢点儿！当你说："好的，好的，我明天再做。我今天心情不好。"或者说："我现在没时间。"你就是在拖延。这些借口将永远存在。你必须承诺。很多时候，我们"失败"是因为我们把事情留到以后了。你决定下星期一开始节食，不是吗？不遵守我们与自己达成的协议的最糟糕部分是，感觉很糟糕，感觉像是失败，最终什么也不做。我们进入了恶性循环，把我们带入一种螺旋式的下降，直到我们到达谷底。然后我们会问为什么我们的梦想还在地平线上等着我们。

你的梦想只有在你负起责任后的"某一天才能实现"。承诺去做它所需要去做的事。为它们而努力。为它们去工作。宣称它们是你自己的。

连接到零频率

无论你所处的环境如何，都要愿意去负起责任。每个出现在你生活中的人都在给你机会，让你看到你准备释放的程序正在你内在运行。正如我在故事中所说的，我的学员和强盗成了朋友，我们都是有联系的。伤害了我们中的某一个，就会伤害到我们所有人。疗愈了我们中的某一个，就会疗愈我们所有人。因此，通过对你的人生负起全部责任，你不仅把自己从自己的程序中解放出来，而且你也是将我们所有人解放出来。从你身上抹去的任何东西，也都将从每个人身上抹去，尤其是从你的家庭、亲戚和祖先那里。

下面是通过实践负责连接到零频率的几种简单方法：

1. 当你接受责任时，这并不意味着你接受了内疚。我不是在建议你认错。要活在当下，只需简单地说一句："我为创造这件事的一切感到抱歉。"用这句简单的表达，你就是在放手，允许你内心相关的一切被抹去。

2. 保持清醒，成为观察者。不要把事情当真。通过说"是我。是我创造了它。我可以改变它"与你内在的力量连接起来。

3. 通过在脑海里一遍遍重复"我放手，我信任"来重写你脑海中的声音和故事。提醒自己："这只是程序在播放。这只是一部电影。"

　　4. 不要害怕恐惧和怀疑。在心里重复："一切都是完美的。一切都会好的。这也会过去的。"②

①　2008 年 6 月 15 日，英国伦敦，穆吉的密集萨桑。可访问 2018 年 8 月 31 日：https://youtu.be/g9Q14FbHw4A。

②　在这里找到更多关于如何回归零频率的资源：zerofrequency.com/book。

第五章
实践纯真

如果你想要有创造力，保持像一个孩子，保持一个孩子在被成人社会塑型之前所拥有的创造力和发明力的特征。

——让·皮亚杰

还记得当你还是个孩子，没有烦恼，你相信任何事都可能的时候吗？在你年轻的时候，一天是永恒的，生活充满了神奇和希望。你喜欢唱歌，所以你唱歌。你想象了一座树屋，所以你建造了它。你曾设想成为一名舞蹈演员、消防员或船长，你相信自己很容易就能踏入那种生活。你知道你能完成美妙的事情——你就去做。

当你还是个孩子的时候，你的思想是无限的，因为你自然地处于零频率。你与宇宙的联系是纯粹而直接的。你可以自由地做你自己。但是，随着年龄的增长，你开始内化别人的观点、消极的经验和想法，以及你自己的痛苦经历。随着时间的推移，你变得习惯于相信自己的局限。你不再相信自己，失去了你的神奇。你弄丢了通往零频率状态的护照。

当你成年后，你关闭了直觉和灵感的声音，这样你就能听到"理性的声音"。你没有以前唱得多了，建新树屋的计划还没完成，即使你能瞥见你想要过的那种生活，你现在会怀疑自己是否有能力去到那里。你放弃了你的梦想，把你的注意力从你的心灵转移到你的心智上了。你的脑海里充满了担忧、恐惧和怀疑，当一些色彩从你的生活中消失时，你几乎没有注意到。也许你甚至不再相信幸福的结局。

你不必这样过活。你的故事可以有一个幸福的结局，它可以是神奇的、美妙的和无限的，就像你小时候想象的那样。

孩子们比成年人更有洞察力。如果我们实践以孩子看待世界的方式来看待世界，我们会更快乐。我在墨西哥瓜达拉哈拉的一次演讲中，两名8岁左右的男孩在一次休息期间登上舞台。其中一个男孩画了我所说的一切。另一个告诉我，他有一个朋友，因为其父母不太在家他感到孤独。他说："我真的很想帮他。我应该怎么跟他说呢？"

我看着他说："告诉他，上苍总是和他在一起，这就是他所需要的。他从来就不是一个人。"然后我问他："你认为你的朋友会理解吗？"

男孩回答说："是的，他肯定会的。我会告诉他。"

你看到了吗？他没有存疑上苍是否永远与我们同在。他毫不怀疑他的朋友会好起来的可能性。他怀着一颗天真的心走上舞台，信任他所获得的智慧。

在那次交流之后，我邀请这两个男孩和我同台。一个女人举手提问："玛贝尔，他们杀了我丈夫，我当时也在场，我无法从我的脑海中摆脱那个画面。"

在我开口之前，其中一个男孩回应了她。"那是因为你把它带到你的脑海里，并且不想放手。"我们都深感敬畏。我什么都不需要补充。你看到了吗？孩子们比我们更愿意连接到零，保持平衡。他们是我们的老师。他们知道。我们需要像孩子一样开始思考。我们有很多东西要向他们学习。

我希望，到目前为止，你已经体验到零频率了。在上一章里，你学到了实践负责的力量，在你的显意识中做出一个简单的决定就能带来即刻的结果。从某种意义上说，负起责任是成年人的工作。现在，我邀请你再次成为一个孩子。实践纯真是一种帮助你快速进入零频率的技巧——它会给你的生活带来很多快乐，因为它很有趣！

把自己从对物质的需求中解放出来

当我还是个孩子的时候，我就知道我可以拥有我想要的一切，而且我并不孤单。我相信有一种更伟大的力量。我无法用语言来解释，我确信它是存在的。从很小的时候起，我就知道一切都由我决定，生活取决于我们的信仰和努力，我们是自己生活的创造者，而不是环境的受害者。

我是一个感情深厚、关系密切的家庭中的第三个女孩。除夕夜对我们来说一直是件大事。午夜时分，我们举杯、流泪、亲吻，充满了爱和感激。看电影时，每件小事都会让我们流泪。同时，我很胆小，自尊心很低，那一直持续到我成年。

在我结婚后，我丈夫和我移民到了美国。他的家人比我的家人更加理性，他们过去常常批评我们，因为我们太情绪化了，不适合他们的品位。因为我的自尊心很低，我开始认为我父母家出了什么问题，而我岳父母家是对的，我父母家是错的。

受他们思想的影响，我开始产生对未来的恐惧，以及他们想要获得更多最好的一切的欲望。我坐上了物质世界的过山车。我们有一所大房子，但我们总是存钱买更大更新的房子，一切都没有尽头。我迷失在理性和物质世界中；我同化了每个人的"不够"综合征，以及需要用物化的东西来让我快乐。老鼠圈永不停息，因为总有更大更新的东西可买。这一直是焦虑的根源。

无论你走到哪里，人们都不开心，因为他们总觉得自己少了些什么东西。他们没有足够的钱，没有足够的工作认可度，没有足够的财产，没有足够的"真正"财产。他们陷入"不够"的症候群，因为他们不了解自己，也不接纳自己。他们把自己是谁——他们的自我价值、他们的身份和他们的目标——建立在他们所拥有的基础上。

我也把它活颠倒了。我把我的自我价值建立在我的头衔和财产上，而这是另一种误区。当我最终醒来，开始我的内在成长之路，我开始对自己下功夫，重新连接并回忆。当我再次成为自己时，其他的一切都来了。我需要或想要的一切都增加了。

如今，我过着非常好的生活。我住在一个很棒的地方——一个联排别墅里。我能买得起更大的房子，过去的我本来会去买一套很好的房子，但我不需要它。而我为什么要买更大的房子呢？让人们知道我在赚钱。我在我的联排别墅里很开心。我爱它，我很感激它。这就是区别所在。以前，我指望物质的东西让我快乐。现在，我很享受它们。我开着一辆很好的车，但我不需要把所有的钱都花在它的升级上。我不需要更大的车，我喜欢我现在的车。

当你被一个想拥有更多、更大、更好的东西的需求驱动时，这是一种持续产生焦虑的状态，使你很难到达零频率。然而，要实践纯真，你不必放弃你的财产。你必须意识到你的需求。在我的零频率培训中，我分享了哲人的话："当你失去了一切，你就会得到一切。"我解释说，这并不意味着你必须放弃你的财产来获得你想要的东西。问题不在于拥有物质的东西，而在于把它们放在了第一位。

我们需要意识到的另一件事是，当我们离开的时候，我们什么都带不走。我们说"我的房子"和"我的车"，但一切都是借来的。我们离开这个地球时什么都带不走。我们生命中的大部分时间都在思考物质财富。认识到我们无须担心自己得到或拥有物质上的东西，这是多么地美妙。我们可以只是享受它们。

俗话说，最富有的人不是拥有最多的人，而是需求最少的人。富有就是需求更少，因为富足在你内在！

把自己从比较中解放出来

我们都这样做：如果你和大多数人一样，你可能会拿自己和别人比较。你会质疑为什么你没有他们那么幸运。有时你感到自卑或不够好；有时你感到沮丧；有时你感到嫉妒。你认为这个世界很困难，你觉得这个世界在无视你，对抗你。有些时候，你无法理解没你那么有才华的人是如何变得成功的。你会问自己，为什么你没有达到你为自己建立的期待。你觉得你没有达到标准。失望的期待结果是无止境的。

做比较是徒劳的。也许其他人比你有更多的钱或者更大的车。好吧，也许他们需要那些来完成他们的使命。如果你是来画房子的，上天怎么会给你一支花式笔和一张书桌，而不是一支漂亮的画笔？如果你不相信你的才华，你会比较并哀叹："我为什么没有笔和桌子呢？"

无论我们在生活中遭遇什么，永远都是完美的，而且都是为我们好。如果你认为你的人生轨迹是在你出生前为了你的进化而设计的，如果你无意中吸引到的是基于你的记忆，那么一切都可以服务于为你提供放手的机会。没有"坏运气"的立足之地。但要做到这一点，我们必须清空头脑，把我们所有的强迫性思想、想法、概念和期待都排除在外。

不要批评和抱怨。不要拿自己跟别人比较。决定变得有觉知，放下你一生所背负的沉重包袱，然后说谢谢。对于无法忍受的伴侣、脾气暴躁的老板、无能的员工、破裂的关系、不断减少的银行账户和被解雇的员工说谢谢。当然也要对你生活中所有的"好""积极"和愉快的方面说谢谢。对任何时刻的每件事和每个人说谢谢。你无法想象事情会如何变化。事实上，你不需要去想象它——只需去体验它！

宽恕会让你自由

你是否留意到孩子们有多容易宽恕吗？当两个孩子闹矛盾了，5分钟后，他们又在一起玩了。他们放下冲突，重新开始，开始一天中的重要工作：玩和享受生活！

宽恕是一个新的开始的可能性。如果你能轻易宽恕，你就能轻易回到零频率。当我们到达零时，一切皆有可能。你能看懂那是如何起作用的吗？在零时，我们再次成为孩子；我们开放、灵活和好奇，我们没有怨恨、忧虑或期待。

如果你醒来，如果你知道自己的本来，宽恕你自己和其他人对你来说不是问题。它比你想象的要容易。你不需要学习它，因为我们生来就知道如何去做；它是我们内在天性的东西。

在荷欧波诺波诺中，你不需要告诉别人你宽恕了他们。这是因为我们在外面看到的，只是我们对周围的人或情境的想法。外面没人对你做任何事。现在发生的一切都与此刻发生的事情无关。一切都是关于记忆和程序的，只有你才能抹去它们。你生命中的人会再给你一次机会，让你在心里宽恕自己，让自己自由。

在荷欧波诺波诺中，宽恕是内在的工作，这比告诉别人你宽恕他们了容易得多。与其专注于口头或书面的宽恕陈述，不如与你内心存在的，以及你对他人和／或特定情景的想法一起工作。在荷欧波诺波诺中，每当这些情境出现在我们的生活中，我们在心里重复："对不起。请原谅我所创造的一切。"我们接受百分百的责任——而不是指责——这样我们就可以释放自己，回到零频率。

这是简单且极其有效的内在工作，因为从我们身上抹去的也会从别人身上抹去，特别是从我们的家庭、亲戚，甚至我们的祖先那里抹去。

当然，最重要的事是宽恕自己。在荷欧波诺波诺中，我们永远不知道我们在处理哪些记忆。通过这份工作，对我们内在完全知晓我们准备好放手什么的那部分，我们给予许可，并一次次抹去。我们都有自己可能没有意识到的限制性想法，这些想法成为我们设置在自己道路上的障碍，比如："我不配得到它"，或者"我没有接受足够的教育"，或者"我生来就很穷，我会死得很穷"，尽管它们处于潜意识水平，但这些思想始终控制着我们并为我们做出决定。这些想法有许多是来自将自己与他人进行比较，并试图变得完美的坏习惯。

痛苦是不可避免的，但痛苦是可以选择的。这跟它对你做了什么或对你说了什么无关。只有当你说问题是问题时，问题才是问题。事实上，问题不是问题。真正的问题是你如何回应形势。当你像个孩子一样宽恕时，你就会放下问题，为新的关系和新的冒险打开机会。

你会注意到，在几乎所有古老的哲学中，宽恕是体验我们所渴望的和平与幸福的关键之一；它让我们自由。宽恕也为繁荣打开了大门。好好想想。如果你被过去的记忆和情绪所困，你怎么能过一种真正富足的生活呢？当你专注于曾经走过的坑坑洼洼的道路时，你怎么能看到一条通往真正富足的道路呢？

你可能听过一句绝妙的谚语："怨恨就像喝毒药，然后等着别人死去。"这句话被认为有许多出处，但它起源于艾美特·福克斯所写的无名氏戒酒文。如果这种哲学能够帮助人们摆脱成瘾带来的混乱，那么它肯定能帮助你从自己的痛苦中解脱出来。当你拒绝对某人宽恕时，你会挂怀着那个人和你的怨恨度过余生——或者直到你真正宽恕他们。

我喜欢劳里·贝丝·琼斯写《耶稣CEO：利用古代智慧进行有远见的领导》（*Jesus CEO: Using Ancient Wisdom for Visionary*

Leadership）中的这一段："宽恕就像发动机里的油。它能让轮子转动。宽恕就像万有引力……它的力量是不可见的，但它的影响却是深远的。"

为什么还在等？现在就开始宽恕吧。

再次成为孩子

两年前，我在塞尔维亚贝尔格莱德召开一个会议，一个10岁的女孩举手问道："玛贝尔，我们能和动物说话吗？"

我看着她，并用一个问题来回应她："你为什么这么问呢？你能和动物说话吗？"

她说："是的。"

"永不改变，"我告诉她，"敢于与众不同。"然后我指着观众中的一百多人说："他们不能和动物说话，他们认为自己是'正常'的。你是对的，他们都错了。相信你自己。不要问别人。"

毕加索曾经说过："每个孩子都是艺术家。问题是，在他长大后如何仍然是艺术家。"许多艺术家回到他们童年的世界，将其作为他们作品和想法的灵感。这对每个人都有用，而不仅仅是艺术家。作为孩子，我们看到无限的可能性，无尽的颜色、纹理和声音。这个世界充满了神奇和希望。但在成长过程中，我们变得一成不变，变得思想封闭，无法构思出新的概念和想法。即使世界每天都在变化，我们也不愿意去适应，变得更加灵活，用新的眼光看待事物。由于许多局限性的滤镜，我们的视力变得不透明了。我们经常变得如此封闭，以至于当一个好主意盯着我们看，或者别人指给我们看时，我们甚至都认不出来。

韦恩·戴尔博士的女儿萨吉·戴尔5岁时，脸上有扁平疣。在经历了很长一段时间的痛苦和多次去看医生之后，她的皮肤科医生推荐了"最后一种"激进的治疗方法。因为这种治疗会产生持久的负面影响，她的父母拒绝尝试。相反，他们建议她跟自己的病说话，她照做了！

萨吉说："我爱你我很感激你以及你来此的目的，但我们不能再在一起了，你得走了。"

四天后，凸凸完全消失了！她决定不再抵抗它们，只给它们送去爱！

萨吉后来分享道："作为成年人，你非常想要一些东西，但你并没有把它显化在你的生活中。瞧，作为一个孩子，我知道这会起作用，我的凸凸会消失的，因为我父母是这么告诉我的，它们会的，而我相信他们。这对我来说是个很好的消息来源。当我晚上和我的凸凸说话时，我内心毫无疑问它会起作用，没有人担心我将不得不回去看医生。我的父母建议我和我的凸凸谈谈，对我来说，这是我的第三种药物选择。作为成年人，你如此迫切地想要一些东西，你害怕你不会拥有它；你不能以这种方式来显化一些东西。你只需要知道。这是我在小时候学到的。即使是现在，当我想要的东西得不到时，我记得我小时候的做法，我知道它会起作用。"

当我们还是孩子的时候，我们不会进行强迫性的思考。这种思考意味着我们对之前的决定和经历存在问题。这意味着活在过去和未来，也意味着我们不信任自己。然而，孩子们的世界充满了神奇，因为神奇需要活在当下，一刻又一刻，这是孩子们所待的地方，我们也可以！我们可以是一个成年人，在照顾"事业"的同时，对世界保持一种孩子般的"快乐"态度，每一天每一刻都保持全新的视野。

再次成为孩子是让你回到零频率的魔法，那是一个纯粹的、无拘无束的觉知之地，你会像孩子那样活在那里。那孩子还在你心里，等着你重新连接。让理智让路。要有勇气停止干涉。它将带你回到你的内在核心，在那里你会醒来，重新发现你的心灵失落的古老智慧，你已经忘记和被理性知识所取代的智慧。这并不是说知识不重要，但它不应该取代孩提时代的快乐和神奇：无拘无束、快乐和充满希望。

连接到零频率

你可能知道一个说法："像没有人在聆听那样去唱歌，像没人在观看那样去跳舞，像天堂就在地球上那样去生活。"重新连接到你曾经知道的自由和无限是实现零频率的有效方法。你的内在小孩还没有完全消失，当你内在恢复成孩子时，你将是一个真正的成年人。更好的是，当你走出自己的舒适区，让内在的孩子放松，当你变得快乐和纯真时，你将能体验到生活中更多的神奇。

以下是一些可以帮助你再次成为孩子的练习：

1. 试着回忆你曾经的梦想。当你还是个孩子并且毫无畏惧的时候，你的梦想是什么？在你忽视自己内在的小孩并变得和其他人一样之前，你的梦想是什么？当你知道一切皆有可能时，你的梦想是什么？要有意愿并敞开心扉，与你的内在小孩重新建立联系。

2. 重新连接你过去喜爱的：吃你在孩子时喜欢吃的东西。去散散步，一路蹦蹦跳跳。看你以前喜爱的电影。在沙滩上或在沙箱里玩。制作东西。建造东西。给你的世界涂上颜色。

3. 如果你是父母，多和你的孩子一起玩。坐在同一视线高度上，不要强加等级，不要下达命令，只是玩。如果你不是家长，就去一个操场或其他地方，在那里你可以观察和学习孩子们玩耍的情况。和你的宠物玩耍也是和你的内在小孩沟通的好方法。不要在意别人对你玩耍的看法或说法。

4. 尽你所能地大笑。别忘了呼吸！①

---

① 在这里找到更多关于如何回归零频率的资源：zerofrequency.com/book。

第六章

实践信仰的飞跃

自我信任是成功的第一秘诀。

——拉尔夫·沃尔多·爱默生

离婚后，我搬到了我前面提到的那栋漂亮的联排别墅里，那时我一个人负担不起。当我看到它时，我就知道我找到了它。联排别墅有三层，为我的孩子提供了一层空间，一层是公共生活空间，另一层是我工作的地方。房子周围的场地令人惊叹，有美丽的花园、游泳池和可爱的步行道。我的老师常说："设计这些场地的人是在爱中。"太对了！联排别墅是我新生活的理想场所。

一位朋友曾经建议我们搬到一起住，这样我们就能支付得起一个更好的地方。房租几乎是每月 2000 美元。在我们签租约之前，我朋友改变了主意。"明智"的决定应该是找到符合我预算的房子。相反，我决定照旧。我自己签了租约，想着再找个室友帮我分担房租。

我没找到其他室友。

很快，我的会计业务开始赚更多的钱——多得我无须再找一个室友。

我告诉你这个故事并不是为了激励你去租或承诺去买一些你负担不起的东西，而是告诉你，当你信任时，上帝就会供应。我没有等到我有足够的钱才去租那栋联排别墅，我只听从了我的心灵，而不是我的心智。我信任自己并做了一次信心的飞跃。

当我离婚时，我告诉自己："我不需要拥有房子才能幸福。我可以余生都租房过。"我没有考虑到这样一个事实：当你租了一所房子，如果房主决定卖掉它，你可能不得不搬家。我就遇到了这种情况。房主跟我说："玛贝尔，我知道你喜欢这所房子，但我要把它推向市场。如果你想买的话，我会提前通知你的。"

我当然想住在漂亮的联排别墅里。我没有足够的钱来支付首付，我也没有资格申请抵押贷款，因为我没有长期稳定的收入。尽管如此，我已经实践了几年的自我信任，所以我又迈出了一大步。我想："如果老天想让我留在这里，他会给我抵押贷款的。如果我没有获得抵押贷款，那就意味着老天有一个更好的地方给我。"我甚至不需要联系贷款代理——贷款代理主动打电话给我提供帮助！我获得了贷款，房子是我的了。

这些事可能发生在任何人身上——也可能是你——但有一个秘密：你需要实践自我信任。每当你注意到你担心或想得太多时，你就必须迈出信心的一步。

在第一章中，我分享了我与自己重新建立连接的故事，当时我允许自己再次信任并追随我的心。

我重新学会了如何依据灵感而不非我的理性（自我）做出决定。我做了"不合理的"决定，你猜怎么着？这些决定给了我最好的结果。我一次次地飞跃了信仰——首先是离婚，然后开始我自己的会计业务，然后离开我成功的事业，通过演讲、培训和写作来帮助人们。一路上还有许多其他的信仰飞跃，多到不计其数。所有这些——是的，所有这些——最终都给我的生活带来了更多的幸福、安宁和富足。

当我选择放弃我的会计职业，将我的生命用于帮助人们拥有更快乐、更成功的生活时，合理的计划应该是在我有了合理的储蓄时开始。虽然这不是我遇到的情况，但我还是下了决心决定这么做。事实上，从一个成功的职业转变为一个完全不同的职业，而又不能保证它有效，是更"不合理的"，但我知道这对我来说是正确的选择。

是什么让我如此"勇敢"地做了这些事情？只有一样：信任。我珍视我的生命，我知道我的选择不只是为了我个人的利益，也是为了所有人的利益。这不是因为"那是我"，而是因为，当我们做了信仰的飞跃，让神性指引我们时，我们会以一种好的方式影响每个人。

这个神奇的词是"信任"

由于发生任何事情都不是巧合，有一天我意外地收到了拿破仑·希尔的免费音频。我决定听它。拿破仑·希尔是第一批自我提升和个人成功的作家之一。许多自我提升课程都是基于他的教导，尤其是那些依赖于心智的课程，比如神经语言程序学（NLP）。

在音频中，拿破仑·希尔谈到了各种各样的灵性主题，以及"富足与成功"等概念，如今这些概念已成为许多导师、作家和演讲者的主题。听完这段录音后，我开始读拿破仑·希尔的作品，发现了一些关于信任的有趣之处。他认为这是成功的关键。他说，信任是一种无法传授但可以通过自我暗示建立起来的东西，我们首先必须开始信任，我们越多地实践信任，我们越"催眠"自己进入它，它就越会成为我们的第二天性。

信任成了我的习惯。每当我听到那些微小的声音告诉我我不够优秀或者我做不到，或者每当我处于困难或可怕的境地时，我都会选择停止我脑海中的所有故事，告诉自己："我要放手并信任！"实际上，我一直在做自我暗示，而自己却不知道！

拿破仑·希尔提供了一个有点可怕，但非常有趣的自动暗示是如何起作用的例子。他说，那些第一次杀人的人觉得自己很难忍受在自己的身体里。他们感到极大的痛苦。当他们第二次杀人时，他们会感到不舒服，但并不像第一次那样。一旦他们杀了几次，他们什么也感觉不到。杀戮不再影响他们了。希尔将此作为自动暗示的示例。那么，为什么不利用自动暗示的力量来吸引平安与幸福的生活呢？我建议你试一试，因为当你开始信任时，你会找到你想要的幸福与安宁。幸福与安宁的人无疑会成功。

信任是一个决定，也是一种实践！我们的决定会给我们的生活带来后续影响。根据我们的选择，我们随时在改变着我们的命运。我们可以选择反应或不反应，放手或不放手。这是问题和秘密所在！

在我的生命中，一旦我开始信任自己，我就找到了内在。对我来说，这是我与整个宇宙之舞及智慧的联系。它也在你内在！当人们不相信的时候，我就问他们："是谁想出了人的身体、鲜花和海洋？"不管你怎么称呼它，你需要认识到有一个比你更智能的心智。你必须认识到你不知道从而变得谦逊。

你有没有注意到我们有多信任负面消息？我们知道生活会在一秒内变坏。我们接受这样的可能性：我们可能发生意外，被告知患上癌症，或突然死亡。为什么我们不能同样信任积极的一面呢？为什么我们不相信我们的生活会在一秒内变得更好呢？如果我们变得临在、有意识，相信自己的智慧，我们的生活肯定会每时每刻变得更好。

你还在等什么?

你还记得关于罗马尼亚姐妹卡佳和西尔维的故事吗? 卡佳参加了荷欧波诺波诺的培训, 希望我能 "修复" 她妹妹西尔维的精神残疾。你可能还记得, 在零频率培训结束后的第二天, 卡佳和西尔维和所有其他与会者一起跳舞。我还没有和你分享第二天结束时, 我和卡佳的另一次谈话。

"你知道, 玛贝尔," 她说, "我一直想成为一名舞蹈家, 但我父亲不让我跳。" 卡佳接着解释说, 她觉得自己应该从事一项更 "严肃" 的职业。所以她成为一名医生。

"我会去争取的," 卡佳告诉我, "我要开始跳舞了。"

"太好了," 我说, "带上你的妹妹。这对你们俩享受在一起是很重要的。"

现在, 我已经习惯听到类似的宣告了。许多人来参加我的零频率培训和课程, 会带着对快乐的新承诺离开, 这通常涉及对一种深层渴望的重新承诺。令我惊讶的是卡佳的回答, "玛贝尔, 我的意思是, 我要专业地跳舞。在舞台上。"

卡佳看起来已经 50 多岁了, 在许多舞蹈演员已经退休很长一段时间之后的年龄, 现在她打算成为一名职业舞者。嗯, 为什么不呢? 我对她的回答感到惊讶, 这暴露了我对职业舞者先入为主的看法。谁说卡佳无法实现她的梦想? 那一天, 她爱上了曾经给她带来巨大快乐的东西, 在追求幸福的过程中有着巨大的力量。从她的眼里我可以看出，她毫无疑虑总有一天会在舞台上跳舞。

我们经常基于怀疑和缺乏自我信任来做决定。我们不爱自己也不接受自己。我们一次又一次地寻求外界的接纳。当然，如果我们的内在缺乏接受和信任，我们又能从外在得到什么呢？

当你信任自己时，你也会信任生命，因为，毕竟，你在这里是为了表达生命本身，而生命并不相信浪费。它没有无缘无故地把你带到这里来。宇宙知道你的才能，并在等待你做决定显化它们。这些才能从来都不是微不足道的，尽管生活的环境可能会让你这样看待它们。然而，如果你遵循你心的渴望，你在信任中磨炼自己，你就会得到回报。

斯蒂芬·金的故事可能会激励你。这位成功的作家卖出了3亿多本他的书。在他的书《写作这回事》里，他解释了他作为一名作家的轨迹。在书中，他告诉我们，当他还是少年时，他是如何把出版商的拒绝通知钉在墙上的。当别针不足以承受拒收纸条的重量时，金换了一个钩子，继续写下去。很明显，就像其他许多成功的企业家一样，斯蒂芬·金对自己有着不可动摇的信任。我希望你也能建立起这种所需的信任。

记住：你在这里是有原因的，而且你是独一无二的！永远不要停止承认你内在的光明，绝不要低估你的才能。我希望你下决心克服你的恐惧和怀疑，这样你才有力量开始信任，才有力量和能量跟随你的使命。全世界都在翘首以盼。

2015 年，我在克罗地亚的组织者卡门写信给我："玛贝尔，这里的出版商说，要是等你到萨格勒布，就没有足够的时间出版你的新书；如果我来出版，你怎么说？"

我告诉她："去做吧。"

卡门在萨格勒布组织了一次免费的介绍性会议。我原计划谈论这本书，并在书上签名。我到的时候，她递给我一本书。那是我第一次看到那本书用克罗地亚语印刷出来。它看起来既专业又漂亮。她做得很好。

当我在会议上演讲时，我说："看看她做的出色的工作！你知道这其中最有趣的地方是什么吗？她不是专业的出版商，我也不是专业的作家！"这不是很讽刺吗？"专业"的出版商曾表示，这不能按时完成。我没有任何背景，也没有学习过如何写书，也没有学习过公开演讲，手里拿着我的书，就站在这些人面前。

那么，我问他们的问题，我想问你：你还在等什么？你认为你缺少什么，障碍了你去做你真正喜欢和想做的事情呢？

你需要停止思考并飞跃。你需要走出你的舒适区，感受恐惧，然后无论如何都要去做。相信我，当你如此迫切地想要信任时，你愿意做任何事情，一切都会一帆风顺，一切都会毫不费力地发生。你会回头看，你不会相信你的生活。你会觉得你几乎不需要做太多的事。

你的自我（疯狂的房子）在告诉你什么？你认为你没有
受过足够的教育吗？没有足够的钱？你还在"思考"它吗？倾
听并相信别人说你应该做什么？没什么好想的，没什么可知道
的，也没什么好担心的。你已经拥有了完成你的使命所需要的
一切，因为当你运用你天赋才能时，你就会知道你为什么要这
么做，你会很高兴，你会为每个人做些好事，因为你很重要。
请不要担心"怎么做"。内在知道"怎么做"，它只是在等你。

连接到零频率

要说的是，我们必须醒过来，认识到我们的本来面目。但
我们怎么开始呢？我经常被问这个问题。第一步简单如下：决
定你要信任并开始实践。我知道这与你所做的正好相反。我知
道我要求你相信未知，这在一开始就会很不舒服且可怕。但是
相信我，它会变成第二天性，如果你真的放手并信任，你会
喜欢其结果的。你也会给你的内在小孩一个清晰的信息，告
诉他／她你现在所选择和实践的。清晰是必需的。

以下是一些帮助你开始实践信仰飞跃的建议：

1. 在心里重复一遍："我放手并信任；我放手并信
任。"你正在做的是自动暗示。这意味着你正在有意识地
选择放手，时刻信任。如果你有觉察，你将做出不同的决
定，你将减少反应，你的决定和行动将来自在你内心深处

最知道的那部分——灵感，而非程序。这就是放手，开始建立信任肌肉的方式。

2. 允许自己通过自己的整个存在获得灵感。让它充满你的每个细胞，灌满每个毛孔。如果你感受到刺激、灵感，信任它！不要在意你的自我，放手，你很快就会做好开始冒险的准备。条件会变得正确，你无须知道什么。你的这个特别部分"知道该怎么做"。保持警惕，这样你就不会错过机会。开放，机警，灵活。

3. 正如约瑟夫·坎贝尔所说："我给学生的通用公式是'追随你的至福'。找出它在哪里，不要害怕跟随它。"尽你所能地待在零频率，一种顺流的状态。这种状态与冥想所达到的状态相似，在这种状态时你可以观察并享受。这种状态的感觉因人而异。当你意识到自己在外在世界寻找幸福，要做到这一点，只要说，"停"。享受外在。游戏般出入这种状态，找点乐趣，不要让你的情绪状态影响你。"停"，临在，让内在为你安排完美的发生。

4. 做"摇椅"练习。想象一下，你已经90岁了，坐在摇椅上，沉思着你的生活。你很放松，很满足，对你所有的选择都很满意。你已经完成并经历了你梦想中的每件事，现在回想起那些特别的时刻给你带来了快乐。回想一下那些让你微笑的时刻。回忆一下你是如何运用你独特的才能的，以及信任是如何改变你的人命的。想象一下

90岁的自己现在能和你说话。会说什么？会建议自己什么？现在告诉自己你对世界的影响。你想留给世人的遗产是什么？

5. 深呼吸并放松。看着自己享受着俯瞰大海的夕阳。一个年轻人正朝你走来。当他／她越来越近时，你才意识到那是你，青少年版的你。你对年轻的自己有什么建议？怎样才能让年轻的自己更快乐呢？信任更多？体验更多？活出自由？ ①

---

① 在这里找到更多关于如何回归零频率的资源：zerofrequency.com/book。

第七章
实践感恩

感恩不仅是美德中最伟大的，而且是所有其他美德之父母。

——西塞罗

你知道上苍和鞋匠的故事吗？有时故事被描述为耶稣和鞋匠；有时细微的情节会有所改变，但意义是一样的。故事是这样的……

上苍，以流浪汉的形式，去找鞋匠，让他修理他所穿的鞋子。他说："我太穷了，我只有一双鞋，而且，正如你所看到的，它们是撕破的和无用的。我没有钱付你修理费，你能帮我修一下吗？"

鞋匠说："我不是免费工作的。我也很穷，那样的修理我是要花钱的。"

"我是上苍，"流浪汉回答。"如果你给我修鞋，我可以给你你想要的任何东西。"

鞋匠不信任那个人。他说："你能给我百万美元让我开心吗?"

上苍说:"我可以给你 100 万美元,但作为回报,你必须给我你的腿。"

"如果我没有腿,100 万美元又有什么用呢?"

上苍回答说:"如果你给我你的手臂,我可以给你 500 万美元。"

"如果我连自己端碗吃饭都做不到,我又能用 500 万美元做什么呢?"

上苍说:"如果给我你的双眼,我可以给你 5000 万美元。"

鞋匠越来越焦躁不安,他说:"告诉我,如果我看不见世界,看不见我妻子和孩子的脸,我拿这么多钱有什么用?"

上苍对鞋匠微笑着说:"哦,我儿,你怎么能说你穷呢?我出价 5000 万美元,而你并没有接受它来换取你身体的健康部分。难道你没有看到你很富有,甚至没有注意到这一点吗?"

就像鞋匠一样,我们常常没有意识到我们已经拥有了多少。我们狭隘地定义财富,却没有意识到我们真正有多富有。富有爱、健康、友谊、激情、自然、美丽和时间。鞋匠没有意识到他应该说多少感谢。而且,他没有意识到,尽管他经济贫困，他的人生可能会更加糟糕。我们很少欣赏我们所拥有的，直到它被夺走，或者直到有可能我们不得不放弃它时。

实践感恩需要我们认识到我们所拥有的一切，并且感激它。对此要心存感激。当你实践感恩时，无论你的处境如何，你都会让自己对所有可能性的领域即零频率敞开。

我们常常对我们所拥有的没有心存感激，因为我们总是把注意力集中在我们认为我们所缺乏的东西上。我们的心智告诉我们，我们知道事情应该如何发生以及何时发生。因此，当现实不符合我们的期望时，我们会变得愤怒，并关闭了我们的心。这样做，我们就无法看到生命的奇妙。

你看，我们很擅长抱怨和责备。我们专注于一切不顺利的事情和我们失败的时候。这证明了我们的不快乐和被困。然而，如果我们停下来片刻看看天空，一棵树，一个孩子的微笑，或者闻闻玫瑰的香味，我们就会开始欣赏我们周围的美。我们会意识到我们是多么幸运，美好的事物将开始进入我们的生活。我们认为我们的生命是理所当然的，并且常常忘记感激的巨大力量。我们不会停下来感激没有人工帮助就能呼吸，不会感激我们两只脚能够站立，或者我们有两手，不用依赖别人洗澡或穿衣服。成为这个世界的一部分是一种极大的荣幸和机会，无论如何我们必须找到一种方式去感受对活着这一事实的赞赏和感激。

感恩比抱怨需要更少的精力和时间。几乎是即刻的，我们会感到轻松、快乐，以及非常不同于我们抱怨时的感受。感恩会提高你的振频，并且是连接到零频率的最快方法。

好运还是歹运？

你听过风暴和庄稼的故事吗？这个精彩的故事，完美地说明了活在当下没有评判意味着什么。

一天，一个农民问上苍："请让我统治自然，这样我的庄稼才能更加盛产。"上苍同意了。当农夫想要下雨时，天就下雨。当他要那明亮的丽日时，他就按指示照耀。不管他想要什么天气，他都得到了。直到收获时，他惊讶地发现自己的努力并没有带来他所期望的收获。

农夫问上苍，为什么他的计划失败了。上苍回答说："你要求的是你想要的，而不是事情所需要的。你从来没有要求暴风雨，对于清理庄稼，让鸟类和动物免于破坏它们，让它们免于虫害来说，暴风雨是必要的。"

这里的寓意是，我们永远不知道一件事是祝福还是不幸。所以，最好不要执着于其中一个或另一个，也不要为其中一个高兴，为另一个哀叹。现实总是在旁观者的眼中。记住，理智并不知道全貌，只要来到你生命里的一切说谢谢，然后放手。要知道，宇宙的计划总是完美的，没有好运或歹运。

对挑战的不同理解

感谢你的逆境，它们总是伪装的祝福。例如，谁会是你的老板、你的同事还是你的下属，都不是巧合。这些人和事情并非是偶然出现的，如果我们选择放手而非作出反应，这些挑战就越大，机会就越大，回报也越大！

如果我们谈到我们的职业人生和事业的神圣计划，一切都可能是你生命中的一个机会，可以根据你灵魂的真实渴望和你最睿智的才能，开始一些不同的、更好的事情，有时唯一的出路就是让你失去一切，或者解雇你，因为你太安逸了而不去采取行动。

当我在巴塞罗那主持一个研讨会时，一位学员分享了一个个人故事。他说："你知道，玛贝尔，我曾经是个百万富翁，后来我失去了一切。实际上我现在欠了很多钱。当我还是个百万富翁的时候，我唯一做的就是工作，工作，工作。我认为自己是一个非常重要的人，做着非常重要的事情。例如，我没有花时间和我的小女儿在一起，因为我忙着'重要'的工作。你知道吗，玛贝尔，现在我花很多的时间和我的女儿在一起，这对我来说是很宝贵的！我很感激。我和大自然连接在一起。我感激以前从未感激过的东西。"

你要继续前进吗？你想吸引伟大的事到你的生命中吗？首先要心存感激。感激好事和坏事。对逆境说"是"。逆境使你变得更强更好，为你打开新的大门。

有一集《奥普拉·温弗瑞秀》的内容我至今仍然记得。她有一对夫妻嘉宾，丈夫被解雇了。但当他回到家，告诉他妻子时，她说："让我们开瓶香槟庆祝一下。"然后她建议他们不要告诉任何人这件事。一周后，他得到了一份薪水更高的新工作，他更喜欢更享受这份工作。这是在大衰退的中期！

瞧，如果你放手而非抱怨、担心或谈论它，上帝就会创造奇迹。但是，请不要等到你失去一切或触底时才意识到在生命中什么才重要。你或许已经开始实践责任，那么这对你来说会更容易。你可能也开始看到一些看似不幸的情况是种祝福，所以感激你生活中的每件事，对你来说也更容易做到。你看到没有，零频率实践变得越来越容易了？

感谢你现在拥有的一切！

现在就是时候

1962 年 11 月 4 日，美国总统约翰·肯尼迪按惯例发表了感恩节公告，以纪念当月即将到来的美国国庆节。以下是一段节选：

今天，我们要给予近乎全部的感谢，我们从先辈那里继承了荣誉和信仰的理想，感谢他们高尚的目标、坚定的决心和意志的力量，以及他们所拥有的勇气和谦卑，我们必须每天都努力去效仿。当我们表达我们的感激之情时，我们决不能忘记，最高的感激不是说出来的话语，而是活出来。

因此，让我们全然表示感谢，感谢赐予我们的各种祝福——让我们谦卑地感谢继承的理想——让我们决心与世界各地的人类同胞分享这些祝福和理想。

在那一天，让我们聚集在敬拜的圣所和受亲情祝福的家庭中，表达我们对恩赐之荣耀礼物的感激之情；让我们诚恳而谦卑地祈祷，我们将继续完成尚未完成的伟大任务，即在所有人类和国家之间实现和平、正义和谅解，并结束任何地方的苦难和痛苦。

我想和你分享这段摘录，是因为现在是时候活出我们所说的了。我们必须开始感恩的生活，感激我们所拥有的，停止将我们所拥有的与他人所拥有的相比。我们必须开始活在零频率，这样我们就能，如肯尼迪总统所说的，"结束任何地方的苦难和痛苦"——从我们自己的生活开始吧。

连接到零频率

你知道吗，你可以通过实践来培养你的感激之情？在印第安纳州立大学的一项研究中，研究人员研究了感恩练习对43名患有焦虑和抑郁的人的影响。有一半的人被要求写感谢信。然后整个小组都做了脑部扫描。那些完成感恩练习的人，其大脑中表现出更多"感恩相关的活跃性"，这基本上意味着他们更容易、更频繁地体验到感恩的感觉。

感恩实践不需要花费太多的时间。停下来，记下三件你深深感激的事情，只需一分钟。以下是一些关于你的感恩实践的建议：

1. 列一张清单，写出你一生中或至少在过去 12 个月里你所感激的一切。你可以对逆境和喜悦心存感激。通常，伟大的祝福只通过逆境的经历才会带给我们。我鼓励你去寻找你生命中的礼物，无论是来自逆境还是来自喜悦，以感激结束生命的这一阶段。

2. 然后开始每天的练习，列出当天你可以感激的所有事情。如果你有时间，早晚都做。总要随身带着你的感恩清单，每当你留意到或意识到某件事或某人值得感激时，就不断地把它加到清单上。你也可以考虑在你的手机或电脑上设置一个提醒，让你花点时间注意到你在那一刻应感激的事。当你专注于生活中这一简单礼物时，你很快就会发现你被奇迹和祝福包围着！

3. 当你陷入一个困境，或试图解决一个问题时，提醒自己，其背后有祝福。心理上列一张清单："这件事值得我感激，因为它正在发生……"在任何挑战中都可以获得新的洞见和知识。更重要的是，你将改变你的频率，走向零。①

---

① 在这里找到更多关于如何回归零频率的资源：zerofrequency.com/book。

第八章
实践放手

放弃就是"瞧，一切都结束了"。放手则是"我才刚刚开始！"

——苏珊娜·马歇尔·卢卡斯

几年前，我决定上探戈舞蹈课，因为我想学习如何让自己被一个男人引领。在探戈舞中，男人总是领舞，女人必须让男人引导她。这对我来说不是自然而然的，我需要一些练习。

随着几个星期过去，我开始注意到一种模式。每次我真的放手让我的搭档来领导时，我看起来就像个专业舞者，感觉就像魔术一样。问题是，有时我无法顺流，而被困在我的脑海中。当我专注于舞蹈时，当我思考而非观察时，我就磕磕碰碰。为了试着记住套路，我会把注意力集中在接下来的步伐上。或者我会想，"我做得对吗？"每次我都会乱了脚步。

对我来说，这是很棒的一课——比我从探戈课上学到的还要多！我们经常为自己制造了许多问题，因为我们被困在心智中。现在你该知道，心智——理性——会制造问题。我们思考，我们计划，我们担心，我们盘算着结果——就这样——我们被困住了。我们抗拒，而非放手。当我们焦虑自己做得有多好时，我们称它为"非常努力"或"深思熟虑"，我们相信我们会因此而获得更多或做得更好。实际上，这种思维方式阻碍了我们。在古老的印度经书《吠陀经》中，"努力经济学"原则解释了思想如何毫不费力地轻松成为现实。在他的书《成功的七大精神法则》里，迪帕克·乔普拉称它为"最小努力定律"。当我们放手时，这条定律就开始起作用，我们突然优雅地穿行于这个世界，就像一个舞者。我们毫不费力地显化出我们深深渴望的东西。

你可能会觉得自己已经"被困"很长一段时间了，总是在想你是否"做得对"。当你在生活中乱了脚步，就像在探戈中一样，那是因为你已经不在顺流中了。唯一的解决办法是放开控制，让宇宙来引领你。

当我放手时，我经历着顺流，我允许我的搭档引导我穿过舞池。你曾经体验过，我们都体验过。乔普拉解释说，大自然可以毫不费力地工作。因此，顺流并非虚幻，也不罕见。你可以通过实践放手来感受它。

有时候，很难做到放手，因为我们得到了意想不到的结果。有些时候，恐惧占据了上风，感觉比零更强大，尽管它不是。这就是为何，对你来说，在顺流中保持信任是如此重要！

放手什么?

我们必须放手"我知道"综合征和所有来自我们过往的意见、评判、期待、解读和信念! 这将我们引向真正的问题。你有放任你的潜意识心智(电脑库)影响你的意识心智(被轻易定义为你的那部分)? 事实证明,这是个人伟大的关键。

在他的书《使用者的错觉》中,陶·诺瑞钱德与退役足球明星乔·蒙大拿和丹麦足球明星、世界杯英雄迈克尔·劳德鲁普进行了详细的访谈。他们都说,当他们在做他们最伟大的出演时,他们从来没有有意识觉察到。或者,如果他们在思考,只是在引导他们的行动,而他们的潜意识正在接管真正的事务。这一原则适用于艺术家、行政人员、律师和教师——几乎适用于所有人。我们所有的人都有过伟大的时刻——即当我们不思考(放手)时,并且产生了一些真正令人印象深刻的东西。我最好的写作,是在我坐下来写作,而没有有意识地引导我的想法时。大多数的歌曲作者都做着准备,以便让自己进入类似的状态,这样,歌曲就会自然地对他们浮现。那些极具天赋的人,找到了让他们的潜意识心智与显意识心智合作的方法。或者,用体育术语来说,这些人知道如何进入"区域"。

零频率是待在区域中的状态——在这个区域中,一切都处于顺流,一切都是可能的。

你有过"时光飞逝"的经历吗? 如果你留意的话,你会发现，这总发生在你做自己喜欢的事时，当你在零时。在那些时刻，你的潜意识开足了马力，而你的显意识心智在休息。你完全沉浸在自己正在投入的活动中；你在"那里"，完全在当下。当你放手时，你对时间的体验就会不同。这个没有静态及无阻力的地方是如此强大，以至于改变了我们对时间的感知。

让自己摆脱期待

一次，在瑞士巴塞尔为期一天的零频率培训中，一位学员在第一次休息期间来找我："我以为我们会在这个研讨会上体验到零频率。"

这就是先入为主的想法和期待！我看着他说："首先，给我一个机会。我们刚才只进行了两个小时的培训。我们还有大部分工作要做。最重要的是，你怎么知道你不在零呢？也许你已经在了，但你不知道。有一点很清楚：一旦你有了问题、期待和 / 或评判，你肯定不在零。"

我接着告诉他，"今天带你回到零有什么意义？明天，当你回到工作岗位，或者当你不得不与生活中难搞的人物打交道时，你将无法重现这种状态。我宁愿向你展示你如何能自己实现这件事，这样你就不需我或你以外的任何人而进入这一区域。"

最重要的是当你在不在零频率时，你可以选择放手，并将自己调到正确的频率。

有一个期望意味着执着于一种我们认为事情应该如何发生的特定方式。期待会让你认为自己比宇宙更了解事情应该如何。这只会拖慢你，带给你不必要的挫折。它阻碍了你与灵感的连接。你失去了平衡，你感到被卡住了，是的，你铁定被困在过去或未来中。因此，你被困倒了。

期待会让你专注于自己之外，将你带离当下。你不断地检查正在发生的事是否是"应该"发生的事。解决办法是认识到一切都是完美的，我们就是如我们所是般的完美。正如我已经说过，而且还会说很多次，我们必须永远记住，我们对我们所显化出来的现实负有百分之百的责任，我们有控制和改变它的方法。

在第四章我和你分享过这一点，它值得重复一遍：请不要把责任和内疚混为一谈。我们对我们的现实负有百分之百的责任，因为每件事都是在我们潜意识中回放的记忆。好消息是，既然它们在你的内在，你可以选择放手，让自己摆脱它们。你创造了它，你可以改变它。这并不是说你是坏的、有罪的，你只是有责任，你可以做些什么！当你停止责备，并开始放手，你实际上尽在掌握。

任何看似是障碍的事物都提供了一个机会，让我们看到我们准备放手的东西。内在不会强迫你去面对一些与你目前的意识状态没有共鸣的事，一些你还没有准备好放手的事。这将毫无用处，甚至适得其反。内在的旨意是确保完美的事会发生，这样我们才能继续释放记忆并成长。

当我们充分摆脱自我的束缚时，将会显化越来越多的奇迹。奇迹时时刻刻都在发生。但是，如果你专注于那些不起作用的事，或者你认为自己所缺乏的东西，你会错过那些奇迹，因为它们不是有形的。你看，奇迹不在"外在"发生，而是在你内在发生。相较于你遇到的种种问题，你所经历的平安、幸福和自由是最大的奇迹。我向你保证，这些都是真正重要的奇迹。能够分离而对痛苦的记忆不作反应——能够删除它们——是我们能够为自己、为我们的家庭、亲戚和祖先所做的最好的投资。这就像偿还一笔债务，以便让我们获得自由一样。

我有个关于期待的私人故事。在我发现荷欧波诺波诺后的前六个月里，我接受了四到五次训练，而后我去到修蓝博士那里，我说："我放手了，一直在放手，但这行不通。"

首先，他什么也没说，但后来他来找我，看着我的眼睛说："没有期待。"看，他在等待灵感告诉他，在适当的时候我该听到并理解的东西。我不仅理解了，而且它给我带来了如此多的平静！当然，我的理智不知道什么是对的。我只需放下期待，继续前进。要知道，我仍然有期待，但我知道这是我的理智在编造故事。我对自己说："谢谢但不谢你。我不再买期待的账了。"

持续意识到宇宙的完美性将使我们始终保持敬畏和惊奇的态度。但为此，我们必须放下我们的期待，致力于将自己从如此多的思考中解放出来。我们必须永远记住，宇宙知道的比我们多，且总是为我们谋求最好的。事实上，他为我们准备了比我们能想象和视觉化更多的东西。这就是为什么宇宙让我们沿着我们有时觉得陌生的道路前进的原因。如果我们变得谦逊，总是释放期待、比较、抱怨和始终保持正确的需要，如果我们信任，我们将连接到零频率。在这个完美的状态下，我们将在顺流中，我们会继续前进，我们会意识到宇宙的时间表才是完美的时间表。

放手不是放弃

是的，你可以"放手由宇宙"（或任何你想选用的名字），即使你并不明白为什么有些事会发生。我们对每件事和每个人的感知是受限的，因为我们透过记忆的滤镜去看的。你需要清洁你的"镜片"，学会不带烟雾地看。只有这样，你才能看到大图景。

请不要把放手和放弃混为一谈。放弃是对梦想、欲望、计划的终结——有时是对生命本身的终结。放手开启了通往灵感和无限可能性的大门。放手就是回到零，回到一个新的起点，回到一个新的开始。当你放手时，你调频到零频率，这是全然觉知到当下时刻的状态，你可以听到宇宙的声音，它给你带来平安、幸福和完美的解决方案。

想想迪帕克·乔普拉关于成功的第六条精神法则，"不执着法则"。他解释说，当我们放弃对我们想要的东西的执着时，我们就会得到我们想要的东西。他明确指出，不执着法则并不意味着放弃你的意图或愿望，它只是意味着你放手了结果。当你执着于一个特定的结果时，这是一个信号，表明你害怕不确定性，你并不真正相信你真实自我的力量。

乔普拉认为，执着来自"贫穷意识"，超然来自"富足意识"。这是一个重要的区别。我自己也经历过，你也经历过。回想一下最近一次你毫不费力地创造的一些美好经历。与其专注于具体的、可衡量的结果，你保持开放，或许结果远比你想象的更好，甚至比你期待的更神奇。然后，就像魔法一样，一切都安排好了。你甚至可以称之为奇迹、恩典或神圣干预。你还记得那个经历吗？还记得你对这件事的感受：就像你和宇宙连接在一起，就像你在与内在一起工作一样？那些经历和感觉是可能的，因为你放下了执着并信任。

同样，你也可以放下对环境、痛苦和负面结果的执着。人们忍受最令人发指的行为和可怕的悲剧并求生，部分是因为他们选择如何看待自己的现实。在史蒂文·柯维他的书《高效能人士的七个习惯》中，讲述了维克多·弗兰克尔的故事，他是一名犹太人，被囚禁在德国纳粹集中营，除了他的妹妹，他失去了所有的家人，并忍受着难以言说的折磨。你可能听弗兰克尔谈到过，他意识到自己还有一种纳粹无法剥夺的自由的那一刻——他有能力决定一次经历会如何影响他。他称其为"人类最后的自由"。

我之所以提到柯维，是因为我想分享他书中提及弗兰克尔的一段话。"处在最恶劣的环境中，弗兰克尔利用人类固有的自我意识，发现了一个关于人之本质的基本原则：在刺激和反应之间，人有选择的自由。在自由选择的范围内，是那些使我们成为独一无二的人的天赋。除了自我意识之外，我们还有想象力——一种在我们心智中创造超越当前现实的能力。我们有良知——对正确和错误的深刻内在意识，对指导我们行为的原则的深刻认识，以及我们的思想和行动在多大程度上与它们协调一致的感知。我们有独立的意志——能够基于自我意识采取行动，不受所有其他影响。"

你也有这种意愿。你可以选择你对一种情况的反应。你可以放下痛苦。你甚至可以放下你当前环境的现实。你选择如何应对这个世界取决于你自己，没有人能夺走它，或为你而做。这是你的权利。你有自由选择。

你可能无法改变环境，但环境总是中立的，你有能力改变你对它们的想法、感受和行动方式。改变你对某事的想法，你就改变了自己的结果（后续影响）。改变你的想法，你可能会有一个更快乐、更有成就感的结局。

你想要赢还是想要开心？

许多人写信给我分享他们实践活在零频率中对生活的影

响。我最喜欢的见证来自吉列米娜，她曾处于离婚过程中。即将成为前夫的丈夫拒绝与她见面或与她交谈，因此这一过程一再被推迟。

吉列米娜写道："今天举行了我的离婚听证会。法官解释说，由于双方不同意，她将听证会重新安排到9月份。我不假思索地说话了。我说：'法官大人，你认为我可以等到9月，仅仅因为这个男人不想和我沟通吗？请听我说。我不必等到9月才快乐！我宣布今天我就幸福！我只想放手，信任今天！'法官惊讶地看着我。我不确定她是否明白我说的话。"

要知道吉列米娜并没有打算说出她所说的话或任何事情；如果她事先想过，或者当她有了这种冲动时，她自己会怀疑自己，那么她可能根本就不会提出她的担忧。

过了一会儿，法官指示另一位律师把她的前夫带过来，因为即使他不想和她说话，他至少得在她说话时听她说话。

吉列米娜写道："他像老鼠一样低着头进来。我开始说话了。我相信我说的是完美和正确的。然而，我的前夫没有接受我的任何请愿。不过，我唯一的回应是：'谢谢你！谢谢你！谢谢你！'我的律师想为我辩护，让我的前夫改变主意，但我告诉她：'你能安静点吗？一切都是完美和正确的。我在放下了。'我知道上苍就在那里，指引一切。"

最后，吉列米娜获准离婚，但她的前夫得到了他想要的一切。从技术上讲，她输了官司，因为她没有得到她一直在为之奋斗的结果。尽管如此，她还是答应了一切，并没有抗拒。在她的见证中，她写道："我很高兴告诉我的前夫，'你赢了'。我反思着人生，心想：'我们死后会拿些什么？什么也没有！'即使在他眼中，在法律眼里，他赢了，但这无关输赢。这关乎平安。今天，上苍就毫不费力地赐给了我！"

听证会结束后，吉列米娜拥抱了她前夫的律师，说："谢谢你！谢谢你！谢谢你！"她自己的律师还处于听到法官要把听证会推迟到9月的震惊中。当吉列米娜上一次见到她前夫时，她说："别靠近我。我受够了。这就是结局。"

然后她的律师对她说："可惜你最后没能和他打招呼。"

"对你来说太糟了！"吉列米娜说。"这是24年零4个月以来我第一次对他说：'我受够了！'谢谢你！"

在最后，吉列米娜写道："今天我哭了一天，但我确信我会被挤压，但不会勒死我！"

有些人会把吉列米娜离婚的结果称为失败，但事实并非如此，她也不这么认为。零频率并不保证我们会得到我们想要的结果。当我们实践富足（和放手）时，我们并不关心结果。我们信任，我们采取行动，无论发生什么，我们都很开心。

吉列米娜故事的另一个教训是，我们想要争是对的，我们通常认为是"赢了"——赢得了一场争论，或者，在她的案例中，是一场法庭大战。我们想要争是对的或者有最终话语权，这是人类最根深蒂固的特征之一，如果我们想要幸福与平安，就必须从根本上消除它。请注意，当你认为自己是对的，你会固执地相信自己的想法和故事，而不会起疑或怀疑。你不认为它们可能是你旧有记忆的重演，从而给你带来和过去一样的不快乐。你死都要是对的！这里有个身份混淆的情况。我们认为我们必须捍卫我们的想法，因为我们确信我们是我们的想法。我们并没有想过我们与它们是分开的，所以我们会尽自己所能地来捍卫我们的思考方式。

这谬误是把我们的想法认作是真理了，而在现实中，想法只是记忆以及极其狭隘视野下的真理。顺理成章地，我们诠释这一"真理"的有限方式让我们自动无视他人的想法和愿景。我们变得傲慢，认为自己是懂王，并与他人发生了大量的对抗和分歧。这反过来又使我们陷入困境，吸引了与我们想要吸引的完全相反的东西。总之，我们对争对的执着是我们幸福的一大障碍。它阻止我们走向平安，我们错过了打开新门的机会。

这真的取决于你是否选择继续称许这些：你把什么（你的程序）当自己、你对别人的看法以及对和错的看法，还是选择放下它，承认一切都是如其所是地完美。你必须知道，如果你选择前者，你将吸引与以往一样的生活体验。我想起了一句流行的谚语：精神错乱是一遍遍地做同样的事，却期待不同的结果。同理，答案在于改变频道。不要再听争对的频率，要变得更加谦卑，意识到你并没有你以为自己知道的那样知道，允许自己随顺宇宙的清晰流动，这是灵感，近在眼前。是的，让内在指引我们需要谦卑。它需要谦卑来中止思考，或至少中止给予我们的想法力量和控制。其精髓是我们必须心智开放，灵活变通，放下期待。

每当你选择倾听你的右脑（智慧）而非你的左脑（理智）时，你就会连接到这部分。这种知道，不知道你是如何知道的，就是灵感。我可不要你向外一毫去找它。

当我们变得更加谦卑时，我们会认识到，有一个比我们更大、更智能的心智，这个心智创造了宇宙。它想出了人类的身体、海洋、群山和花朵。谦卑意味着放下对我们自身想法的执着，以及放下我们是对的的确信，而是发指令给这个伟大的心智——宇宙和灵感——它对我们所有的问题都有完美的解决方案。

在本书中，我引用了迈克尔·辛格《无拘无束的灵魂》一书中的话。我强烈建议你在继续实践放手时阅读它。下面的话来自他的书，很适合吉列米娜的故事："能量的转移和变化发生在心里，掌管着你的人生。当你指的是你内心所发生的事时，你是如此认同它们，你会使用'我（主格 I）'和'我（宾格 me）'这两个词。但事实上，你不是你的心。你是你心的体验者。允许生命的经历进入并通过你的存在。让它们流经。就这么简单。开心点。只要敞开，放松你的心，原谅，大笑，或做任何你想做的事。别把他们推压回去。"

放手是有用的。它会让你自由。它会给你超越理解的平静。你不需要争自己是对的。你不一定要赢。你不必有最后的解释权。你的幸福、平安和自由是无价的。

感受恐惧，无论如何都去行动

内心深处，我们害怕是因为我们不知道自己是什么。我们用受限的思想和眼光来感知自己。我们害怕是因为我们相信我们是孤独的。我们害怕未知、被拒绝、失败、活着和死去。我们害怕太多，信任太少。因此，我们从不押注我们的激情，也不冒险发展我们的才能。换句话说，我们没有选择活着并快乐。当你洞察到自己的内在本质时，你什么都不怕。只有这样，你才有能力去冒险，去信任未知。

吉杜·克里希那穆提大师申明：想法、知识和时间构成了一个不可分割的实相，这是所有恐惧的根源。1983年，他在伦敦附近的布罗克伍德公园学校进行的一次谈话中解释了这一点："时间就是想法，因为想法是记忆的反应，也就是知识和经验。所以，知识属于时间的范畴……因此，时间、想法和知识并不是分开的，它们确实是一个单一运动，这就是恐惧的起因。"

克里希那穆提的这些话是我们一直在说的关于记忆是想法和情感来源的极好综合。现在我们也可以看到，记忆被明确地认定为恐惧的来源。

我们中有多少人，因为关注别人受限的信念和恐惧，而受到阻碍？你听说过螃蟹的故事吗？

一人在海滩上散步时，看见另一人在海浪中钓鱼，旁边有一个诱饵桶。当他走近时，他看到诱饵桶没有盖子，里面有活螃蟹。

"你为什么不把你的诱饵桶盖上，这样螃蟹就不会逃出来？"他问。

"你不明白，"那人回答说，"如果桶里有一只螃蟹，它肯定会很快爬出来。然而，当桶里有很多螃蟹时，如果一只螃蟹想爬上去，其他螃蟹就抓住它，把它拉回来，这样它就会和其他螃蟹的命运一样了。"

人们也是如此。如果有人尝试做一些不同的事情，取得更好的成绩，提高自己，逃避他的环境或拥有更大梦想，总会有人试图拉他回来，与他们命运一样。

别管这些螃蟹了。向前冲，做你认为是正确的事。它可能并不容易，你也可能没有你想要的那么成功，但你的命运绝不可能与那些从未尝试过的人相同。感受恐惧，无论如何都要行动。唯一让人恐惧的就是恐惧本身！恐惧是不可避免的。它们隐藏在背景中，每当我们需要做一些新的或不同的事情时，它们就会跳出来。无论如何，我们都必须感受恐惧，去做我们决心去做的事。

别让后悔拖你后退

在我的零频率培训中，我要求学生们来到教室前面，在黑板或白板上写下他们最大的遗憾。当黑板写满时，一种模式涌现出来：大部分的遗憾都与没有抓住的机会有关。我们倾向于后悔那些我们没有做过的事，而不是我们已经做过的事。我们没有活过的生活困扰着我们，我们日复一日地随身扛着，就像另一个人附在我们背上一样。这很沉重，它使我们看不到新的道路和不同的机会。

学生们看着布满遗憾的黑板，会认为他们接下来的任务，是去追求他们放弃的想法或梦想。相反，我给他们橡皮。正如我在第三章中所分享的那样，他们消除了所有的遗憾，直到黑板干净为止。给新计划、新想法和新梦想，留下了一个新鲜的空间。

实践信念的飞跃并不意味着要重拾那些未完成的项目，或者寄出你从未写完的信，或者追求你很久以前搁置的兴趣。是的，你想要在一段时间内采取行动，然后不再行动，但这并不意味着你必须坚持这些行动才是整体的。你可以对别的一些事，新鲜的、意想不到的事，进行一次信念的飞跃。是的，通过遗憾寻找你想要经历或完成之事的线索，但是不要让它们阻碍你去创造新生活。

承认你的遗憾，接受它们，然后继续前进。你无法回去并改变你已经做过的决定，不作为是一种选择。也许，只是也许，它就是正确的选择。也许它正是完美选择。埃克哈特·托利说："接受——而后行动。无论当下时刻包含了什么，接受它，就像你选择了它一样。总是与之合作，而非对抗它。让它成为你的朋友及盟友，而非你的敌人。这将奇迹般地改变你的整个生命。"

你的人生就像一块全新的黑板，一块干净的石板，一块空白的画布。把自己从悔恨的枷锁中解放出来，走向你辉煌的未来。

你错过人生了吗？

我将给你举一个我个人的例子，说明我是如何失去世界上头号恐惧的：害怕在公共场合讲话。在公共演讲方面我没有受过任何训练，也没有任何经验，所以这在一开始就吓倒我了。

在一个研讨会上，我们被要求站在乐队前面，无伴奏合唱一首歌。我全身都在发抖。我出汗了。我甚至都不记得儿歌里的歌词了。但一旦我这样去做了，一旦我在恐惧中歌唱完，我就再也不害怕再次出现在人们面前。

那么，发生什么了，让我的人生有了如此深刻的变化呢？首先，我必须离开我的舒适区。第二，我做了一个决定，影响了我余生的所有其他决定。要知道我们总是在做决定，但很多时候是无意识的。我的决定是尝试公开演讲。我的推理是，如果我能够在人群中无伴奏唱歌，在公共场合讲话就很容易了。这个决定为我开启了很多大门，尤其是开启我愿意在人们面前做自己的大门。我面对了世界上排第一的恐惧，害怕公开演讲！

一些研究表明，在人们最害怕的事情清单上，死亡是第二位的。这太可悲了，因为害怕死亡会让我们错过享受人生的机会。如果我们知道自己是谁，我们就不会害怕。当我在写本书时，在母亲去世前，我有机会和她共度了两天宝贵的时光。我们曾多次谈论死亡，她也多次参加过我的研讨会。这一次，我被她对这件事的清晰程度感到震惊。

她给医院里的一些朋友打了电话，说："我已经完成了我在地球上的工作。我得走了。请不要再想我会好起来的，因为这会让我走不了。"

当我的侄女或侄子哭泣时，她对他们说："这对我不好。请你明白，你不必为我哭泣，我走后会离你更近的。"

晚上，我和妈妈住在一起。她有着幻象，与已经去世的亲人交流；我们就宽恕等话题，进行了最深刻的对话。这两天我意识到她是个多么了不起的人。我能以一种全新的方式欣赏她。我感谢她给了我生命和她教给我的一切。因为她才有了现在的我。现在我极为感激，因为她向我展示了死亡不是什么可怕的东西，我们只是暂时在这里，它不会就此结束。

意识到死亡会改变我们与死亡和生活的关系，以及我们是如何与两者关联的。死亡实际上可以丰富我们的人生，用我们的经验和先入为主的观念来帮助我们。死亡应该时刻存在于我们的生命中，因为它是一位伟大的老师。

你现在明白，放下恐惧和后悔开始活着为什么很重要吗？我们错过生命了！

我们不断地做出决定，而大多数时候，是潜意识心智为我们做出了决定。即使我们决定什么也不做，我们也是在做选择！那么，如果我们必须选择，为什么不选择放弃恐惧，放飞自己呢？为什么我们不选择生而选择死呢？宇宙总是在推动我们，给我们机会去扩展和成长，但是我们有自由选择。请知道，出现在你生命中的每件事，都是你能去做的。这就是为什么它会出现在你的生命中！

记忆在潜意识中玩耍，是你的内在小孩在抓取着这些记忆。如果我生了我内在小孩的气，因害怕而训斥她，她就会变得更加害怕。因此，我们必须对我们的内在小孩表现出理解和同情。我们应该（在心理层面）说我们站在他／她这边，并且永远不会抛弃他／她，来安抚我们的内在小孩。我们必须安慰我们的内在小孩（潜意识心智），这样他／她就不会激起更多的恐惧。

当你想到恐惧时，记住首字母缩写 F.E.A.R.，它代表着面对一切并振作起来（Face Everything and Rise）！这就是生活的意义。当然，为了更自由更快乐，你必须离开你的舒适区，感受随之而来的恐惧，选择继续前行。不要因为害怕自己不够好而停下脚步。如果我们的人生观和生存观更加完整，更加扩展。如果我们知道我们是谁，就更容易去信任，更容易认识到在现实中没有什么可害怕的，我们可以信任并向前迈进。

我们信任太阳每天早晨都会升起。我们信任电子银行系统，我们将获得我们的钱。我们信任我们所爱的人会以某种方式对待我们。我们信任，我们所在的餐厅提供的食物状况良好，无毒物。我们信任其他司机在开车时会注意。这份清单没有尽头！当然，对惊喜保持警觉是明智的，但是没有信任的基础，生活将是难以忍受的。我们会被继续关在自己的屋子里，因着我们内心的偏执而受害。

所以我们不需要学习如何信任。我们已经知道怎么做了。我们所需要的只是采取额外的一小步，把这种信任应用到我们生活中挑战我们的领域。这种信任将帮助我们成长和扩展。生活将不断合谋给我们带来幸福的体验。没什么好担心的！与"老板"谈谈——灵性、意识、宇宙、源头、造物主，随你怎么叫——并寻求指导。这种意识就是你的意识，所以继续相信吧！理智不能给你这种信任的钥匙，但是你的心，知道地更多，肯定会提供它。

零频率使处理恐惧变得更容易。恐惧是记忆，正如克里希那穆提所说，它们不是真的。而且，和所有的记忆一样，你所需要做的就是说谢谢，放手而不是让它掌控。

连接到零频率

你住在地狱还是天堂？你的答案取决于你是否放手。每时每刻你都在选择。你会待在心智的监牢里，让过去的事和消极的思想控制你的幸福，决定你的命运吗？你会继续为你的观点辩护吗？还是你会通过觉知和放手来重新获得你的力量呢？

下面是通过实践放手连接到零频率的一些方法：

1. 迪帕克·乔普拉建议我们每天致力于实践超脱——在生活的各个方面。这将帮助你保持开放的可能性。你是如何实践超脱的？一种方法是避免与他人分享你的观点。做你自己，同时让别人做他们自己。另一种方法是放下期待。当你开始有一个期待时，不要进入。只要在心里重复："谢谢，但我不买账。"

2. 一个有趣的放手方法是嘲笑自己。笑能让你放手。"哈"是完美的呼吸。如果你笑不出来，就说"哈哈哈哈！"如果你在呼吸，你就是临在的。你不能身处过去或将来而呼吸。另一种放手的方式是说"我不买账"。

不要让忧虑和恐惧控制了你。如果你不抵抗它们，它们就会消失。笑看你自己和你的问题，表达感激会让你回到当下。如果你是临在的，你就会很愉快。这听起来可能不合乎逻辑，也不科学，但你是否厌倦了尝试合乎逻辑的事情，却发现自己不快乐且陷入困境？相信我，不合逻辑真的很管用。试试看。

3. 记住，消极是从你自己或者从其他人的记忆和想法中重播的记忆。你的身体储存它们，而这反过来又会引起你能量的转变。不要把事情当回事。就让消极的情绪从你身上掠过吧。

4. 在第三章中，我分享了一个关于吉尔·博尔特·泰勒博士的故事，她写到了她在中风后恢复过来的经历。在她的书《左脑中风右脑开悟》里，博尔特·泰勒写道，训练她的大脑成为一个有意识的观察者。"当我的大脑循环运行时，感觉到严厉的判断，反作用，或失控，我等待90秒的情绪／生理逻辑反应消散，然后我像一群孩子那样对我的大脑说话。我真诚地说：'我欣赏你思考想法和感受情感的能力，但我真的对思考这些想法或感受这些情绪不再感兴趣。请不要再提这些东西了。'"本质上，你同样可以做到博尔特·泰勒建议我们做的事："有意识地要求你的大脑停止研究特定的思维模式。"

5. 交托。变得谦逊。超越你的思想和感觉，在心里重复："我放手并信任。"

6. 列出你想放手的一切，然后把它烧掉。让过去的事在你的生活中不起作用。即使是责备和抱怨，也要放手。给予更多的空间，让灵感进入你的生命。

7. 后悔可能是你最好的老师。用它作为你的动力。现在你知道你能做到了。注意你的心。放松你的心。信任你的感受。做你的心感觉正确的事。放下你的心智。

8. 死亡是赋予了生命以意义。经常想想死亡，以确保你的优先顺序是正确的。如果你在担心某件事，或者你在生某人的气，问问自己："如果我知道我今天就要死了，我会这么担心，还是这么生气吗？"如果我时间有限的话，我会担心和消极吗？还会认为情况如此重要吗？如果我知道那个人今天会死，我会把注意力放在困扰我的情况或人身上吗？

9. 有一次，我访问了布达佩斯一所面临发展挑战的儿童学校。当我和老师们站在一起时，一个学生走到我们跟前告诉我们，她对参加即将到来的学校戏剧感到紧张。我让老师问孩子我能不能拥抱她。她同意了，在我们拥抱之后，我问："你现在感觉怎么样？"她说她感觉很好，恐惧已经消失了。你能相信一个简单的拥抱能改变你的感受吗？请多拥抱，当然包括拥抱自己。每天拥抱一个人，并承诺偶尔拥抱一个陌生人，但别忘了在你拥抱之前先征得他们的同意。你可能永远无法知道，一个拥抱和一个温暖的微笑能拯救多少生命。①

---

① 在这里找到更多关于如何回归零频率的资源：zerofrequency.com/book。

第九章
实践和平

> 我们必须体验我们内在的和平。如果我们在外面寻求和平，我们永远也找不到内在的和平。

> ——普仁·罗华

我在监狱里做过的第一次荷欧波诺波诺演讲，是在墨西哥城一个女子拘留中心进行的。当我走进我将要发言的房间时，我惊讶地看到至少有 70 名妇女出席。这个活动不是强制性的，她们都选择参加。我有点紧张。我确信她们在想，"这个女人以为她知道些什么？"她们不知道我是谁，没有理由相信我，也不知道她们为什么要费心去学习解决问题的古老夏威夷艺术。

正如我在第二章中分享的那样，在我进行培训或演讲之前，我从不写下我要说的话。当我自由发挥时，灵感会流动得更好，我的信息也会更好地发挥作用。观众在那一刻会收到她们需要的东西。这一次，我立刻有一个印象，我不是在女子监狱，而是在参加女子会议。从我嘴里说出的第一句话是："你们知道，这是一次静修。你们现在打算怎么打发时间？"

　　突然，我感觉所有的目光都看向我。很明显，这些女人没想到我会说那句话。

　　"在这里，你不用做饭，"我继续说，"你不必去超市，也不用做很多你以前做过的事情。那你打算怎么办?"

　　当我望着她们期待的面孔时，我怀疑她们以前是否考虑过这个问题。有人问过吗?

　　"这是你与宇宙连接，也是在你内在找到它的时间，"我说，"这是你认识自己的时候了。"

　　我谈到了这个地方可以提供给她们的可能性，以及她们可以用时间来做些什么。她们可以写她们的经历，她们的灵感，以及她们现在对生活的认识。"这不是第一次有人在监狱里写畅销书了。"

　　在整个演讲过程中，我提出了一种不同的方式来看待她们的情况。例如，一个女人抱着她的男婴，不知何故我知道她在想什么。我对她说："你为孩子感到难过。'在监狱里出生的可怜家伙，'你这样想。但是看看这个灵魂选择了这个体验。你看到他创造了多少母亲、阿姨和祖母来照顾他吗?"

　　当我和她们分享一些寓言和典故时，我留意到她们互相看着，好像她们认出了彼此一样。我说："哦，你们都懂这些故事! 这些才是你们应该在这里谈论的事，而不是过去，也不是把你带到这里的原因。待在当下。"

　　我指着窗户说："我们这些墙外的人认为我们是自由的，

但我们一点也不自由，因为最严重的战争就在我们内在。我们的想法和忧虑成为我们心智的牢狱。外面有太多的噪声，我们不能真正地与自己连接。在这里，你们可以。"

在我演讲过程中，有一次，我抬头一看，看到了一个鸟巢。不知何故，鸟儿们穿过一扇高高的窗户，在屋檐下筑了一个窝。"你们认为你们不值得信任，"我对那些女人说，"你看。鸟儿们相信你，它们是知道的。它们足够信任你们，所以才在这里筑巢。"她们的脸亮了起来，有些人在椅子上坐得更高了。

在我讲完后，大多数女人走到我跟前，拥抱我，感谢我，祝福我。收到这样的反应，我感到很震惊。当我做这件事时，我总是很情绪化，因为我仍然感到惊讶的是，上苍足够信任我，让我站在这些人的面前，做这样的工作。我一直很感激。

那天晚上，安排我在女子监狱讲话的人收到了最新消息。他们说："通常情况下，监狱晚上很吵。总有争吵和尖叫。但是今晚，监狱太安静了，我们去检查犯人是否逃跑了！"

我分享这个故事是想告诉你，即使在一个不完美的世界里，平静也是可能的。当我们心中有平静时，我们的生活就有了平静。当我们的生活中有了平静，我们周围人的生活就会有更多的平静。平静会继续扩散，直到它触及地球的每一个角落。这就是我们共同创造一个平静世界的方式。

对我来说，一个完美的世界是一个我们都在做自己喜欢做的事情，在与他人互动时表达我们独特才能的世界。我们都有钱，没有人会想到杀人、打仗或利用他人。当我们成功时，当我们快乐时，我们的人生就会有更多的平静，因此我们周围人的人生就会有更多的平静。

世界可能还不完美。监狱可能人满为患，战争仍在继续，穷人为寻找食物和住所而挣扎。然而，我们可以改变世界。如果我们能在一个充满噪声和争斗的监狱里创造一个安静的夜晚，我们就可以结束战争和贫困，我们可以停止利用他人。我们可以实践和平。从我们开始。

平静在我们的舒适圈之外

在女囚监狱发表演讲一年后，我回到墨西哥进行了一系列的演讲。我很期待能继续访问并和这些女人们一起工作，但是当我想回去看看时，我震惊地发现监狱当局不想让我再和这些女人一起工作了。他们的论点是囚犯"太安静了"。我觉得这很难相信。他们的决定毫无道理！

在同一次旅行中，我在一家幼儿园做了一个演讲，所有的老师都来参加我的研讨会，而且都是我的学生。孩子们表现得很好，引起了我的注意。我能感受到空气中的平静与幸福。就在那时，家长们发现老师们正在实践我的教导，并把它们提供给孩子们。

在我和父母谈话时，一位母亲告诉我，她的儿子一直在重复："谢谢您，妈妈！""对不起，妈妈"他不停地说"对不起"

或"谢谢"。

他的母亲不知道这种行为是从哪里来的，因为他显然没有从她那里学到。

另一位母亲说，她注意到女儿的态度发生了变化。在来到这所幼儿园之前，这个小女孩总是和她的表妹为了一个她们都想玩的玩具而争吵，现在这个女孩表现出了尊重和接受，并且对她的表妹更加慷慨了。就好像那个女孩意识到这个玩具不值得打架或争论。

我很高兴看到放手对幼小心灵和心智的影响。突然间，我有了一个领悟。我问那位母亲："当你的孩子太安静时，你会去查看他们在做什么，因为你确定他们做了坏事，是这样吗？"

啊哈！现在我明白了为什么监狱当局不再希望我在女子监狱工作——他们不信任安静。

我们不相信平静。这让我们感到不安。平静把我们带出了我们的舒适圈，我们不知道如何表现得恰当。在某种程度上，我们认为如果一个人是平静的，那么一定会发生一些不好的事情……或者已经发生了。

那年晚些时候，当我在一次成人学生研讨会上演讲时，我问他们："你真的确定你在寻求平静吗？"

你可以说你想要平静，但是你却不信任它而破坏它，这与平静所需要的正好相反。意识到所有人以及你内在都有这一倾向，是非常重要的。我们不能再怀疑平静了。

所以，现在，我问你：你真的确定你在寻求平静吗？

我们每个人都能有所作为

在本书中，我们为实现一个完美的世界铺平了最简单的道路。你有能力改变你的未来和人类的未来。你只需要对你内在的记忆百分之百地承担责任，然后按下删除键，让那些使你的生活变得有毒和痛苦的事情过去，这样你就能在这个世界上有所作为。现在你有了正确的密码可以这样做：谢谢你和我爱你。我应该感激的事……这也会过去的。我放手并信任。我不再担心了。顺流。你知道对你管用的词，它将你带回到当下，进入零频率之流中。即使你没有感受或者并不认真，说这些话也会奏效。当你这样做时，你就是在选择放手，让上帝去做。

我们的信念、观点和判断奴役着我们，我们需要共同努力，把自己从它们中解放出来。方法是以身作则，所以我们鼓励别人也这样做。通过这种方式，我们扩大并创造了爱与平静的大流行病。记住，爱与平静是可以传染的，可以治愈一切。

我们不再用言语说服别人。没有什么可以被说服的，因为每个人都有自己的信念，我们的有些想法将永远被反驳。选择平静。选择幸福。选择与众不同，即使人们认为你的非常规方式是疯狂的。

你是你自己的救星。不要等待。生活是一场游戏，你必须愿意上场比赛。别做旁观者。我们需要的是拥有正确的能量并成为一个好的榜样。实践零频率可以实现这种振动能量，而且它是具有传染性的！我们可以决定哪些战争不值得打，因为我们知道它对我们不利。它们不仅没有带给我们期望的结果，反而给地球和人类造成了很大的伤害。结束战争需要勇气承担"不可能"的任务。你是个奇迹，你必须玩大的。你必须停止依赖我们大多数人使用的16比特的信息，开始使用你可以使用的1100万比特的信息。我并不是说这很容易。你的有些痛苦记忆是坚强而顽固的。你必须认真，持续对它们放手，保持清醒。你需要相信你自己。

有位圣哲说：缔造和平需要勇气，比战争更需要勇气。它要求有勇气对遭遇说是，对冲突说不，对对话说是，对暴力说不。

我们无法独自完成。我们必须谦卑地认识到，我们需要与宇宙结盟。这个联盟是解决我们所有问题的开端。

人人都能学会平静

很高兴看到孩子们是如何如此容易地到达零频率，以及他们的态度是如何几乎立即发生变化的。在墨西哥的幼儿园，他们实施了一种鼓励感恩的做法。每天，从上午11点开始。到上午11点10分，他们实践"感恩时间"。孩子们被邀请到麦克风前，分享他们感激的东西。老师告诉我，有时候孩子们会对飞过的苍蝇说声谢谢。太不可思议了！

在墨西哥，我也有机会在卡迪玛一家犹太机构做演讲，该机构帮助患有自闭症和唐氏综合征的儿童和成人，以及在一家精神病院做演讲。这两个地方，都给予了同样的看法："参与者怎么可能保持沉默，表现得那么好，在整个演讲过程中都能坚持下去呢？"董事和看管人都不敢相信。在精神病院，一名囚犯总是大声尖叫，但在我的演讲中，他一直保持沉默。因着对这些特殊的人士身上产生的影响，我说感谢你！

在卡迪玛和精神病院，我让参与者在我的演讲结束时分享。那些分享者是最"特别"的。看到他们对这次演讲表达的感谢，这真是太感人了。

精神病院和卡迪玛里的人们借此机会感谢他们的家人和照顾他们的人。他们感谢生命本身。从理论上讲，在这些面临挑战性问题的人身上看到这一点，真是太令人惊讶了。

卡迪玛的一个女孩坐在前面，想一直聊天和发表评论，甚至在我播放一段视频的时候也是如此。她坚持认为自己知道录像是关于什么的。她没有耐心。我意识到这是如何一直发生在我们所有人身上的。我们没有活在当下。我们希望预测结果。我向她解释说："明天不重要。只有当下时刻，只有我们当下的经历，在零，才是重要的。"她听完就明白了。从那一刻起，她变得安静且平静。

最后，在同一次旅行中，我在墨西哥索里埃做了一场演讲，这是一家帮助癌症儿童及其家庭的基金会。再一次，我谦卑地去那里，给人们以希望。我给了他们工具，帮助他们认识到一切都是完美的，他们开始以上帝如何看待人们及其情景的方式看待他们，而不是以他们和我们所有人（通过我们的记忆、观点和评判）看待他们的方式看待他们。我提醒他们，上帝不会创造任何不完美的东西。这种觉知是我们所有人都可以赖以生存的东西，并且通过理解它而给予我们信任。

妇女在世界和平中的作用

在匈牙利进行的一次培训中，一名妇女问我："为什么在这种培训中，女性总是多于男性？"

我问她："是谁不放手，是谁不想忘记，是谁还记得过去每一个糟糕或悲伤的时刻？是的，是我们女性。这就是为什么我们需要更多的培训，才能记住如何放手，而且不把事情放在心上，从而更多地在当下。"

当我们谈及世界和平时，我们需要强调妇女作用的重要性，原因有很多。女性更多地与自己的感受连接在一起，可以更加开放、灵活和理解。我们影响着我们的孩子，因为我们花更多的时间与他们在一起。我们需要树立榜样。我们的孩子更会看我们的态度和行为，而非听我们说什么。

作为女性，我们需要醒来，找出我们是谁，重新找回我们的力量，信任我们自己的灵感。女性知道一些东西，尽管她们无法总是解释她们是如何知道的。是时候开始信任这种知道了。女性并不像社会让我们相信的那样软弱。拜托，我不会以任何方式贬低男性，我也不认为女性需要和男性竞争。它是相互补充的，要认识到我们有不同的才能、不同的思维方式和做事方式——不是更好，也不是更糟，而是必须尊重的基本差异，才能吸引更多的和平进入我们的生活。从此，和平将更容易在世界上传播了。

无论男性女性还是年轻人，都可以加入我的世界和平运动：内在和平就是世界和平。其运动口号是"和平起始于我"。你可以在 www.PeaceWithinIsWorldPeace.com 网址上找到它。

我们都在一个大家庭

在英国布里斯托尔的一次培训中，我有了一段不可思议的学习经历。组织这次培训的人是一个来自加纳的大个子。他在机场接我，在去旅馆的路上，他问我："你有基督教背景，不是吗？"

你可以猜到我的回答是："不，我是犹太人。"

他提到，他的许多朋友会来参加这次培训。我们同意晚点再见面，谈论我能说什么和不能说什么，我对此有点紧张，因为在培训中我总是做自己，总是自由发挥的。就像我之前说过的，我不准备，也不思考。对我来说，顺流并始终来自灵感是很重要的。

那天下午，在我们与当地组织者的会议上，当我们在过应说和不应说的内容时，我说："我想让你们知道，我要说的是我想说的话！"

在培训期间，他们是开放的、灵活的，很高兴听到我讲的话。我唯一的抗议者是一位虔诚的基督教女士，她最初对我说的每件事都提出了质疑，并质疑我的信息来自哪里。随着培训的进行，我们放下痛苦的回忆，她对我的态度发生了改变。

最后，这门课成了零频率和其他经典之间的一场有趣的"竞赛"。我们很高兴能找到每个人的文化背景中的共同点，以及它们是如何表达同样的观点的。这是我在旅行中所发现的美妙证明——我们都是一家人。我们需要更多地放手，闭上我们的嘴并倾听。

我们谈论的是一回事

在我的旅行中，我有很多机会去实践和平并见证和平。在智利举办的周末研讨会上，一个巴勒斯坦人走过来对我说："当我看到你的犹太姓氏时，我想，'她要教我什么？'我是对的。我不同意你今天教给我们的任何东西。"

然后他把他所相信的一切都告诉我。他说完后，让他吃惊的是，我告诉他我同意他所说的一切。

"请保持开放和灵活，因为我认为我们可能在用不同的词来表达相同的信念和想法。"

第二天，这名男子回到研讨会上，兴奋地与全班同学分享了他前一天晚上与警方的一次遭遇故事。"我重复着你昨天给我的工具'我爱你'，就这样，情况就解决了！"他对这个令人难以置信的结果感到惊讶，在课程结束时，他给了我一个大大的拥抱，并高呼："这是中东的和平！"

这个故事很重要，因为它表明，当我们放弃试图用我们的观点说服他人时，我们就待在零频率。在零时，我们有不同的态度和不同的感知。当人们感到被接受和被尊重时，突然间和平就会展现出来。当我们试图过度解释和说服时，相反的事会发生。

我并不是说在紧张对话过程中放手是容易的。前一天，当巴勒斯坦人说他不同意我教的每一件事时，我的理性开始"插脚"对我说："把钱还给他，让他离开。"相反，我选择放手，不允许我的意见和判断接管。因为我不允许自我的喋喋不休来决定我的反应，所以我能够在场并真正地倾听他的声音。这就是为什么我意识到，我们谈论的是同一件事，但却用不同的名字称呼它。我能够进行积极的倾听，这包括如此地临在和专注，以至于你开始同情这个人并理解他们的动机。

当你放弃争取对的需要时，你会突然意识到一些事情，或者你想出一些意想不到的想法或解决问题的方法，却不知道你从哪里获得它们的。这样，你提供的回应更有可能不会助长紧张，相反，它会消除紧张。

我们需要改变并原谅

这一点很本质。如果我们想要世界和平，我们就必须开始接受其他人的观点。我们必须认识到，其他人对事情的看法与我们不同。这种意识让我能接受自己的原样，做我认为是对的事。充分地做自己，能帮助我接受其他人充分地做他们自己。它帮助我接受我们的不同。不尊重他人的根源是不尊重自己。

如果我们不相信自己，我们就无法尊重别人。我们不断地感觉到需要捍卫我们的观点，我们总把事情当作是针对自己的，我们把不同意见诠释为攻击。因而产生了让别人完全同我们感同身受的需求。这正是一切战争的起源。

当我在以色列时，因为我是犹太人，所以我可以告诉听众一些如果我是外邦人而无法告诉他们的事。他们会被冒犯的。我跟他们说什么呢？如果我们不改变，不采取不同的行动，我们就不能指望别人也这样做。

必须要有人负起责任来并且说："我为我内在任何引发了仇恨的东西感到抱歉。"很明显，这种引发仇恨的"东西"是记忆——这些记忆告诉我们，应该责备的是对方；必须做出改变的是他们；我们是完美的！这些记忆甚至告诉我们，我们是被选中的人！现在，谁来开灯？谁将为重播的痛苦记忆负责？得有人把灯打开。当有人打开它时，它会为每个人打开。光是不分别的。难道你没留意到太阳照耀着每个人吗？只有这样才能带来和平！瞧，这些记忆大多来自我们的祖先，已经在我们内在根深蒂固了好几代。过去的战争与现在发生的事毫无关系。它们只是我们继承的记忆。

解决办法在哪里？

在匈牙利进行的一次培训中，一位来参加了我所有培训的妇女举手，问我是否可以去参加和平示威。我问她："你有没有注意到，过去的示威是否有效？它们是否带来了答案，或产生了你想要的结果？"

她回答说："并没有。"

然后我说："那么，你可以去，但如果你去，一定要百分百承担责任，按下删除键。"

我们必须认识到解决方案不在这个层面上。停止思考、讨论和操纵！我们需要认识到，有一个比我们更智能的心智的存在。正如我前面所分享的，是智慧造就了人类的身体、海洋和花朵。我叫它宇宙。你可以随意称呼它，但你需要意识到，有一个更智能的心智，它可以想出比我们的理性更好的解决方案。

在我们祖先的历史上，我们犹太人有许多奇迹故事。在犹太人如此之少而且几乎没有武器的情况下，是怎么会赢得战争的呢？这是可能的，因为我们的祖先是信徒。他们相信。他们未受过教育，但他们知道要放手由神去做。他们信任！他们请求帮助和指引，并得到来自宇宙力量的帮助。他们不是独立完成的。

这是实现世界和平的唯一途径。解决我们所有问题的办法来自灵魂。但我们总在错误的地方寻找，总是问错误的问题。我们所有的问题，包括食物和水的短缺，都已然被解决。只是拥有既得利益和需要控制和操纵的权力集团，在减缓发现它们的过程。人类所需的所有解决方案，推动世界进化的所有创新思想，总是来自那些乐于接受灵感的科学家们。谢天谢地，越来越多这样的科学家在持续出现。

所以我们需要变得谦逊，停止思考（理智），活在零（当下）。当我们面对挑战，尽最大努力为世界带来和平时，我们必须活得有意识、觉知、开放和灵活。零频率是这个拼图中所缺的那一块。

连接到零频率

如果我们要在一个存在暴力和仇恨的世界中获得和平，我们就必须找到内在和平。当我们找到内在和平，我们就能传播世界和平。通过意识，一切皆有可能。要成为和平的推动者，我们必须有一颗和平的心。下面是通过实践和平连接到零频率的一些方法：

1. 认真倾听。对你的评判说，"谢谢你，但不谢你了"，并保持在当下。当你真正倾听别人的意见，而不带任何假设或评判时，你就能更好地倾听他们的观点，并给予他们慈悲。你也能更好地听到和看到他们真实的自我和意图。这是通往和平的道路。

2. 停止借口和指责的游戏。停止评判别人，不要沉溺于认为自己比别人更好。当你感觉有想标榜的冲动时，想想你羡慕的事和欣赏的人。

3. 记住，你不缺任何东西。当你认为别人比你拥有更多时，当你觉得宇宙亏待了你时，数数你的祝福。提醒自己："我能行。我内在拥有我所需要的一切。宇宙就在那里支持着我前进的每一步。"

4. 活着要像今天就是你的全部，对待别人也要像今天就是别人的全部一样。当你以这种方式生活时，很容易原谅和放手，并让自己和他人平安。不要把宽恕留给明天。

5. 反思那些对你生活影响最大的人，以及为什么。回想一下当你收到意想不到的好意或同情的时刻。记住那些对你的生活有积极影响的单词、地方和活动。

6. 在阿宾格研究所2009年出版的《领导力与自欺：跳出盒子》一书中，自欺被描述为我们生活于其中的一个"盒子"，而我们却不知道。一种跳出盒子的方法，是通过享受你喜爱的东西，比如那些能激励你并让你与你的真正本质连接的音乐，来改变你的振动。

7.如果你想给你的人生带来更多的和平，拥有更平和的人际关系，那就负起责任，停止指责和抱怨。意识到是你内在的某些东西吸引了问题。你创造了它；你可以改变它！①

---

① 在这里找到更多关于如何回归零频率的资源：zerofrequency.com/book。

第十章
实践丰盛

真正的财富是内在拥有的财富。

——B.C. 福布斯

我们都想要丰盛。为了追求更丰富的人生，我们上课、读书、听讲座。然而，我们拒绝任何简单的东西。我们被编程地如此不幸，以至于我们发现幸福是可疑的。我们被编程地如此匮乏，以至于我们将丰盛视为是可疑的。如果我们看到一个不担心的人，我们会说他们是"不负责任的"。如果我们看到某个人很开心，我们认为这个人一定"干了什么事"。然而，活出快乐和满足不仅是容易的，而且它是由承担了全部责任而生的。前面我和你分享了更多关于这件方面的内容。活出快乐和满足是活在丰盛中。这是我们的自然状态。当我们处于零频率时，我们最大的梦想和最深的渴望都很容易实现。

有一次有人问我如何定义成功。对我来说，成功是能够无缘无故地活出快乐。一个快乐的人已经成功了，因为他们是快乐的，没有执着和期待。我们的目标应该是无论我们遇到什么问题，都能在早上起床，并感受到平静。它不是追求没有问题的完美生活。我们需要寻找的是一种认识到问题是宇宙给我们的机会的方法，这样我们才能了解自己，成长并解放自己。

能无缘无故活出快乐和平静的能力会带来机会、丰盛和开启的大门。在我开始实践荷欧波诺波诺之前，我不信这些想法中的任何一个。我以前认为更多的钱会流向那些已经有钱的人，而且为了钱你得努力工作。但我开始注意到，有钱的人不去想钱，也不担心钱。我们中的大多数人，即使有了钱，也会做相反的事，如此我们就阻止金钱的自然流动。一旦我明白了这一点，我就开始告诉我十几岁的孩子，他们的工作就是活得开心。我告诉他们去观察好事为什么会降临到开心的人身上，他们看起来是多么地"走运"。

我们不应指望取得像我们的家庭或社会所定义的那种成功。我们名单上的第一件事应该是快乐。阿尔伯特·施韦策说："成功不是幸福的关键。幸福是成功的关键。如果你热爱你的工作，你就会成功。"当你快乐时，你就是做自己，你在顺流中。它将在恰当的时间、恰当的地点，带给你恰当的人。突然间你就"走运"了。一切都开始为你效力，你拥有了时间、精力——更重要的是——做任何你需要做的事的意愿。当你高兴时，你处于零频率。你不再是自己人生中的障碍，因为你不再作出情绪反应。你在当下，自由且开放，一切都顺畅地来到你身边。活出丰盛始于活出本来。一切都会到来，因为我们处于平静之中，因为我们无须特定的理由而快乐。

你是否想要成功并成为百万富翁，才能感觉更好或者被别人钦佩吗？你这么做是为了证明自己吗？如果你这么做是出于以上任何一个原因，那就很难吸引到你渴望的财富。钱可能来来去去。我希望你是因为热爱你的工作，因为你想要贡献，或者因为你有一个目标，而去做它。然后，吸引财富将毫不费力。

奥格·曼迪诺在他的书《世界上最伟大的推销员》里说："孩子，金钱不应该成为你的人生目标。真正的财富在于内心，而非钱包……不，孩子，不要只渴求财富并且劳动只为求财。相反，要为幸福、被爱和爱而奋斗，最重要的是要获得心灵的平安与宁静。"

无论你做什么，不论是为了经济利益，还是作为志愿者，或是为了你自己的艺术或科学项目时，你都必须尽你最大的努力。即使当下，你对你所做的事还不满意，你还是要尽你最大的努力。宇宙在观望。加薪、新职位、商业机会或创造性洞察力，不在你以为它会出现的地方。它会让你大吃一惊！

不要浪费时间等待金钱带给你所寻求的快乐。世界上没有足够的金钱能让你快乐；没有足够大的新车或房子能让你快乐。你还要继续向外看吗？是时候醒过来并变得清醒了。是时候做出更好的选择了。改变你人生的可能性尽在你的掌握中。当然，在你的想法里。

尽情地活好每一刻。所有充满活力的时刻本身就是成功的表现。取得成功不是终点线。任何希望实现未来目标的人，都活在紧张和痛苦之中。这类的希望摧毁了人们的生命。他们没有意识到最终的目标应该是活在当下。忘掉成功，寻求幸福。做那些让你感觉良好的事。永远跟随你的心，你就会活在丰盛中——你将拥有你所需的一切以及更多。

成功还是失败？

还记得我跟你说过我的电视节目吗？我想和你分享另一个关于那次经历的故事。为电视制作节目需要大量的金钱、时间和精力。我本可以用我花在节目上的钱买房子的！

有一天，我向宇宙倾诉："如果我必须再做电视节目，我会做的，但我需要一个信号。我需要确认。"接下来，我给了一个关于如何给我那个信号的想法。我说："神啊，如果我不应该做这个节目，我就不应该从电视台得到合同。如果我拿到了，我就签字，所以如果你不想让我签合同，那就做点什么，让我永远得不到它。"

第二天，我的老师伊贺列卡拉博士打电话给我说："我需要跟你谈谈。我想让你知道，我没有在想你和你的电视节目，但当我冥想时，我听到神性非常清楚地对我说：'告诉玛贝尔，做电视节目没问题。'"

我真的很震惊。宇宙发出了一个比我预想的更好更清晰的信号。

由于我从宇宙那里得到了 OK 的信号，所以我全身心地投入节目制作中。我们在洛杉矶租了一座豪宅，我们制作了一场精彩的每日秀。一路走来，我的制片人不停地问我，是否明白我在做什么。我一直跟他说："是的。宇宙站在我们这边。"

经过我们全身心的努力和几十万美元的投资，我把这个项目介绍给了许多有兴趣的赞助商。没人签字。没人给我们钱。一个月过去了，我一直在付账单。没有任何来源有一分钱的进账。所以，我请伊贺列卡拉博士为我冥想，并检查我是否做错了什么。他冥想并询问后，然后告诉我，他听到回应说：我已经完成了我所需要做的灵性部分，我可以立即退出这个节目。

那时我的理智接管了。"什么？"我说，"现在离开节目？在我投资了这么多钱之后？不行。我相信我们现在会达成一些赞助协议，资金很快就会到来。"

我又坚持了一个月。我一直在付钱，但还是没有钱进来。只不过这次我花的不是我的积蓄。那是借来的钱，结果我欠了债。最后，我停止了等待、付账和尝试。有时，我们推进一个项目或一个想法，期待其唯一结果是我们贴上"成功"标签的积极结果，然而，真正重要的部分，是这次经历和给予补偿的机会。

你能否看到：宇宙在找与我们所有人交流的方法吗？无论你要求一个迹象，还是你冥想并倾听答案，宇宙都会回答。关键是，你必须倾听，即使你认为不可理喻，尤其是当你想要一个不同的答案时。如果我听从了宇宙的信息，就像它对伊贺列卡拉博士说的那样，在第一个月就退出了我的电视节目，我可能就不会因此而负债累累。

由于我们遵循指引，做正确的事，这并不意味着它是容易的。它只是意味着，那对你将是完美的，它将给你机会做出纠正。我们并不总是能意识或理解到一个经历，如何在我们的旅程中为我们服务。很多次我们抱怨，或认为我们失败或迷失，或当我们认为事情不公平时，我们并不承认一切都是完美的。我们认为我们输了，但实际上我们赢了很多。

实践丰盛并不意味着你永远不会经历失败。它仅仅意味着你对所有的祝福保持开放，即使是那些带着伪装而给我们的祝福。

让我告诉你，刚好在那两个月之后，邀请接踵而至——而且从未停止——在世界各地举办研讨会。签订了许多合同。这让我想起了我在 1998 年开始为我的老师推广和组织荷欧波诺波诺研讨会的时候。他打电话说："我不知道你组织培训是否能赚到钱，但我可以向你保证，钱一定会从某个地方来的。"

在我和他交往的早期，我学到了一些关于帮助别人和金钱的东西。他第一次来洛杉矶参加我组织的活动时，我对他说，很多人都想来参加培训，但他们买不起。这就是他的回答："你可以做任何你想做的事，但是请你知道，当你帮助某人过河时，他们不仅失去了学习自己渡河所能学到的一切的机会，你也在你的背包里收集了更多的石头，更多的东西需要纠正，因为首先帮助是不对的。"

要想在你的生命中创造任何可持续的东西——人际关系、艺术表达、创新的商业、对社会的服务——从安住于零频率的心智状态开始，你必须立即摆脱轻松与艰难或成功与失败的想法。这意味着放下对（未来）成功的焦虑和对（过去）失败的恐惧。

印度一位著名哲人说，如果我们想到成功，我们将不可避免地承受失败的想法。依据他的说法，如果我们想到成功，我们就得不到成功，因为我们将成功投射到未来，而无法全身心地投入到我们的工作中。在这个对未来的投射中，会有贪婪、野心和自我。我们也会经历恐惧——害怕得不到我们想要的——害怕失败。他引用了中国古代道人吕洞宾的一句话：无论成功还是失败，都要安静地、宁静地、不受打扰地工作。他总结道："不要看得太远，否则你会错过下一步。成功会自己到来的。别管它……如果你朝着正确的方向用功，通过适当的努力，将你的整个存在置于其上，回报会自动出现。"

当我们寻找快速的解决办法和经济上的意外之财时，我们就忘掉了圣哲的建议。当我们追求成功，而不是让它自己到来时，我们并不是以一种丰盛的心智模式在运作。如果我们运气好，成功就来了，我们就不会为现实做好准备。这就是为什么许多彩票中奖者，在中奖 3 到 5 年后宣布破产的原因。[①]他们仍然活在匮乏的心智模式中并依次做出决策，然后如此自我实现。

不要根据自己的处境来定义自己。要愿意冒险，给自己尽可能多的机会。敞开心扉，一步一个脚印。做一件你知道你能做到的简单而轻松的事。你需要接受失败、错误、挫败、拒绝，别把它们当回事。放下对失败的恐惧。要敢于去感受恐惧，无论如何都要去行动。我喜欢奥格·曼迪诺说的话："不要为尝试和失败而感到羞耻，因为从未失败过的人是从未尝试过的人。如果你成功的决心足够坚定，失败永远不会压倒你。"

当你实践丰盛，你不会将挫折或弯路的经历视为失败。我们可能并不总是明白为什么有些事没有成功，但是只要有丰盛的心智模式，我们知道最终发生的一切，都是为了我们更大的利益——以及人类的利益。

激情是你真北

有时候问题是我们不知道自己想要什么。因此，无论发生什么，我们都会感到不开心。也许让我们无限快乐的正确和完美的东西就在眼前，但我们没有认出它，因为我们总是看向"外在"，比较和专注于我们认为自己所缺乏的东西。这就是为什么我们信任自己以及我们的才能是最根本的。如果我们敢于做我们自己，做我们热爱的事，做我们喜欢做的事，做让我们感觉快乐的事，我们手中就有了指南针，我们永远不会迷失我们的道路。这个指南针将我们与零频率连接起来，并且总是把我们带回自己；它是我们自己的真北。

如果金钱不是问题，你不知道自己要做什么，只要保持开放的心智，当它出现在你面前时，你就能认出你的道路。当机会出现时，要完全肯定事情会被搞定。不要害怕承担，去做你需要做的事。对不同的和新的方法保持开放。把激情放在首位，把金钱放在最后。如果你热爱并享受你所做的事，你就会自动且自然而然地吸引到你所需要的金钱和资源，以实现你内心的渴望。

保持清醒、灵活、警惕和专注。新的道路会展开，你不会想错过它们的。你对心的渴望的忠诚，将支持你免于分心，使你偏离你的路线。有时候它需要一些"工作"，但是记住，当你做你喜欢的事时，你不会称其为工作。当你做你喜欢做的事时，你不会意识到时间的流逝；你不会焦急地看着你的手表，等着到点回家，或者合上放在你桌上的手稿，或者把你的画笔和画布收起来。你在做的过程中充满乐趣。你很开心！

领悟了我们为什么做我们所做的事，将帮助我们去完成人生中"所需的工作"，那些任务和行动，尽管单调乏味或充满挑战，但也将帮助我们活出我们的激情。当你将自己的激情与体验它所需的工作对齐时，你不会拖延。在波哥大举行的一次会议上，一位母亲举起手提问："玛贝尔，我们必须管教我们的孩子。例如，我儿子从学校带回一张很差的成绩单，我告诉他那个周末他不能去看足球比赛。"

我告诉她："我们越早了解到我们的行为将有后果，就越好。我们成年人也有后果。我们的思想、行为、行动和情感，让我们成为今天的我们。我不认为这是纪律，也非奖惩，而是后果。所以我会提前告诉他：'如果你有好成绩，你就能去看足球比赛，如果你成绩不好，你就不能去。'不管怎样都没关系。无论如何我都会爱你。无论如何，你都会没事的，但由你决定你想要什么。"

然后有人举手告诉我，那个没能去看足球比赛的男孩就在房间里，让我直接和他谈谈。我对孩子说："听着，我喜欢我做的事，但是这种生活伴随着一个包裹，这个包裹里包含了很多我不喜欢做的事。我之所以做这些事，是因为我知道它们是这个包裹里的一部分。我明白我为什么做它们。"

"下一次，"我继续说，"你学习，不是因为你真的喜欢你正在学习的东西，而是因为你真正想要的，是去看足球比赛。"

知道你为什么做你在做的事，是非常重要的。当你对某件事有激情时，你就会更有愿意去做你想要得到的那个包裹（过程）中，你需要做的那部分。

如前所述，约瑟夫·坎贝尔说："追随你的至福。如果你真的追随你的至福，你会让自己走上一条一直在等待你的轨道，而你应该过的生活就是你正在过的生活。当你看到这一点时，你就开始遇到那些在你的至福中的人们，他们向你敞开大门。我说，追随你的至福。不要害怕，门会开启，你不知道它们会通往何方。如果你追随你的至福，你的门就会为你打开，它们不会为其他人打开。"

百万美元的想法将从灵感中来。它会在梦中出现，或者在你洗澡或散步时出现，而非在你分析或努力时冒出来。如果你选择跟随它，正如坎贝尔所说，所有的门都将为你开启。所以，不要与你自我怀疑和那些令你沮丧的烦人想法相纠缠。耐心点。坚持下去。别放弃！这就是所谓活在零频率的意义——每一刻、每一天——手握着幸福和成功的钥匙。

记住，我们的心智被我们从他人、媒体和社会那里接收到的信息和经历所编程。你是真的想要钱和成功吗？你极度渴望实现的梦想真的是你的，还是从别人的故事中借来的？你的目标是被家人强加给你的吗？如果你仍然有这种感觉，请重读第二章：回归自己的旅程。请你放手，尽你所能地连接到零。

就像所有事情一样，找到你的目标很容易。你所要做的就是让自己快乐。你所要做的就是追随你的至福，即使道路看上去并不清晰。把你的手放在上帝的手中，继续走向那些能让你微笑、能让你内在发光的东西。这就是你的目的。

钱追随爱

通常热情会被野心混淆了，你不应该把这两者混为一谈。我认为成功的人，是那些看重自己，追求梦想的人，不是为了钱，而是为了灵魂的渴望。金钱带来幸福这一根深蒂固的观念，是我们文明中最普遍的错误信念和误解之一。一般来说，当我们问人们他们想成为什么样的人时，他们会回应说他们想成为百万富翁。这是错误的目标！如果你问一个已经是百万富翁的人，他们会告诉你，他们的目标从来不是为了钱，而是做更多他们喜欢的事。所有的成功人士都同意，他们所做的一切都是因为他们对此充满热情，而不是因为钱。看到没？他们根本没有具体的目标。然而，钱随之而来。他们信任，把重点放在目标和计划上，放下具体的结果。

我们已经习得了为钱而工作，但这并不是一个充分的、明智的，甚至是实用的动机。它既不会使我们快乐，也不会给我们带来我们正在寻求的平静。它也没有给我们带来我们所渴望的安全。你必须改变告诉你必须只为经济利益而工作的编程，认识到这一点很根本。关键是要发现你的才华，以及满足你热情的活动。让你热爱的工作成为你的主要目标。如果你不这样做，你在商业和生活中失败的概率将远远高于你成功的可能性。

克里斯托弗·麦克杜格尔在他的书《天生奔跑》里，传达了一条信息，帮助他成为一名有耐力的运动员：

"你心里有两个女神，"他（在墨西哥的印度塔拉乌马拉人）告诉他们，"智慧女神和财富女神。每个人都认为自己需要先获得财富，智慧就会到来。所以他们关心的是自己去追逐金钱。但他们搞反了。你必须把你的心献给智慧女神，给予她你所有的爱和关注，财富女神就会产生嫉妒，而追随你。"当我们拥有丰盛的心智模式，把爱放在第一位时，我们就变得富有了。当我们开始做我们喜爱的事时，金钱可能不会立即倾注给我们，但是，随着我们的坚持和信任，它开始变得越来越容易流动。因此，如果你在做你所做的来响应你心的召唤，你无须担心，因为其他的一切都会毫不费力地自己来。当你实践丰盛时，你就成了你所需要或想要的一切的磁铁。

你的天赋是什么？

如果你曾经觉得自己没有特殊的天赋、目标或热情，那么你并不孤单。所以很多人都在寻找他们擅长的东西，他们喜欢的东西。许多人认为，他们没有什么特别的东西可以贡献给这个世界，他们永远也找不到自己的热情。他们没有意识到的是，他们听从了自己的理智。

你的理智痴迷于了解和理解一切。它想要验证事物，评估风险，确定一个想法的可行性。要挖掘你的热情，找到你的才能，你必须信任你的心。在这样做的过程中，你会对可能发生的事保持开放态度，对那些你可能没有考虑过的追求和你可能没有承认的天然能力保持开放态度。例如，有秩序是一种天赋。你可以帮助那些杂乱无章的人，让他们的生活更轻松。诚实也是一种天赋，同样，知道如何成为一个好的倾听者和拥有积极的态度也是天赋。

有一次，我在做一个练习，他们让我说出我在与他人互动时所使用的两种天赋。我的回答是我的热情和激情。你会认为这些是天赋吗？也许不会。但对我来说它们是。我用我的激情和热情把人们和他们真正的本质联系起来。我回答时是不假思索的，答案肯定来自灵感。当然，还有很多其他的天赋，更为公众认可的天赋，比如拥有很好的歌唱声音，或者有足够的耐力和肌肉成为世界级的跑步运动员，但我想提一些常常被低估了的例子，当被运用时，它们对帮助他人是非常有帮助的。

而且，如果你还连接到零频率，就没有文字可以描述你可以提供多少帮助！你的贡献将是宏伟的，比你想象的还要伟大。为什么？因为当你负起责任，并且知道人们出现在你的生活中，是在给你一个机会纠正你内在重播的一切，在你内在得到纠正的东西，也会在他们内在得以纠正。我们持有共同的记忆，记得吗？所以当我们改变时，其他人也都会改变。治疗是双向的。有了这种意识，成为一名治疗师、父母或任何类型的专业人士都会变得更容易、更有回报。

你喜欢和人待在一起吗？你喜欢某种类型的产品或服务

吗？允许你喜欢做的事，让你充满激情的事成为你的指南针。你喜欢做什么，你如何利用它来交流和帮助别人，这可能是你找到完美职业的指引之光。

有时我们会立刻发现或意识到自己的激情。有时我们则不会。起初，我不认为当老师或当众演说真的是我的菜，直到渐渐地，我意识到我非常喜欢这样做，甚至愿意免费做！如果你不清楚自己的天赋是什么，那就去探索和尝试不同的事。它们中的一些看起来像是你的激情所在，但你后来发现它们不是，这没关系，继续努力。

当你在寻找自己的天赋时，你可能会发现自己正在做一些你并不真正喜欢的事，并将这些事视为"失败"。但这不是真的。这个过程就像穿过走廊找到合适的房间，每次你都必须关上一扇门才能打开另一扇门。你可能需要有耐心，但总有一天你的激情会在它全部的闪耀中显露出来。

继续尝试并享受这个过程是很重要的。感激一路上的每一步。为了做到这一点，最好是要有耐心和谦逊，承认你只是迈出了第一步。当你实践丰盛时，这是很容易做到的。在这种背景下，你必须放下你与金钱相关的期待，信任并允许自己被你所爱和你被吸引的东西所引导。别想太多。

很多时候，开始你旅程的一个好方法就是做志愿者。我经常告诉人们："如果你喜欢做饭，你为什么不去餐馆做志愿者，这样你就可以学习，即使你没有得到报酬？"或者，"从在家做饭开始。"这将不是第一次有人从家里开始，并最终拥有连锁餐厅，后来成为特许经营。我开始我的新的教学生涯，就是通过业余爱好，做志愿者开始的。

这方面有个很好的例子就是阿尔伯特·爱因斯坦。他热爱科学，但最初科学不是他的职业。他在瑞士专利局做技术助理。但当他在那里工作以支付账单时，他写了四份最重要的论文。有时候这就是开始的方式。有时候，关键是在我们的义务活动之间为我们喜欢做的事留出时间。当你开始寻找时，宇宙会给你提供足够的情景，但是你必须迈出第一步。第一步是做出决定，你真的想找到自己的天赋和激情。你不会让你的经济负担阻止你。我会一次又一次地告诉你，宇宙知道"知道该如何"，它只是在等待你迈出第一步并信任！

如今，你就在你应该在的地方

2003 年，我与洛杉矶的商业团体建立了联系，并跟着它们中的一个去了泰国和韩国。我那时仍掌管着我的会计业务，在旅途中我正在努力完成我的第一本书。

在首尔的旅馆里，我在房间的床头柜里找到了一本《佛陀的教诲》。我看了看这本书，心想："我很想读它，但我没有足够的时间。"我决定随机打开它，只读那一页。嗯，我读到的内容太深刻了，我把它写进了我的书里。然后我注意到这本书是在加州工业城印刷的，我有会计客户在那里，我每个月都会去见他们一次。所以我想，下次我去见我的客户时，我要访问一下这家印刷厂。

当时我们没有 GPS，用我的纸质地图，很难找到印刷厂。当我终于到达时，我注意到那是一个工业用地。反正我决定进去。走进去时，在这偌大的地方只看到一个人，我问了一个无厘头的问题："以前这里有间佛寺吗？"

那个人看着我，好像我真的疯了一样。就在这时，另一个人走了进来，听到我问的问题，说："请到这边来。"他把我带到办公室里，那里是一间大图书馆，里面有被翻译成各种语言的《佛陀的教诲》版本。他们把这些书分发给世界各地的旅馆，这样旅行者就能找到它们并随身携带！我发现这家公司正在生产精密仪器，如显微镜，以资助他们传播《佛陀的教诲》的使命。

那天开车回家时，我明白了很多东西。我曾多次问自己，为什么要成为一名会计。是为了创造资源，让我能和老师一起旅行做好准备吗？是为了投资我为洛杉矶拉丁裔社区制作的电视和广播节目吗？我意识到宇宙以其最大的智慧"安排"了我作为会计的最初职业，这样我就能赚到足够的钱开始我的灵性之路，并最终完成我如今作为老师的使命。

直到生命的后期，你才能明白你目前的职业或环境的目的。有一件事是肯定的——当你放手，让宇宙指引你时，一切都会变得清晰。当你实践丰盛，抛开你所有关于金钱、成功和成就的既定信念，所有的道路都是正确的道路。

自我价值和信任是成功的关键

当你在镜子里看着自己时，你看到了什么？你认为自己像一只无助的小猫，还是把自己看成一只狮子，可以做任何事，并且知道一切都是可能的？

这两件事——自我价值和信任——是实践丰盛的关键。就我个人而言，我学会了放手和信任，每一次都会给我惊喜。如果我们想显化我们的梦想和愿望，放手和信任会带来难以置信的结果。当你放手并信任时，你会发现它们给你带来了你所需要的所有资源，就在你正好需要它们的时刻，而且毫不费力。

2009 年，我的财务状况发生了变化。我所指望的某种收入渠道突然停止了。当时我已经有很多员工了，这种收入帮助我支付他们的工资。我想到的第一个问题是："我现在该怎么办？"我从哪里弄到钱，来付给所有这些人呢？"

我非常聪明的理智告诉我，"你得回去准备纳税了！"

一放下我的思考，我就告诉我的内在："你知道我为什么在这里，我在这里是为了做什么。你知道我有多需要，什么时候需要。我不会担心的。"

"我不会担心的"成了我放下忧虑和恐惧的工具。这听起来可能太简单了，而且也很容易有效。但它确实有效！而且它仍然有效。你也可以试试！

我想说清楚一点：焦虑和忧虑仍然存在，但一旦我感觉到这些感受的危险控制了我，我会抬起头来，并在心里重复："我不会担心的。"我想让宇宙知道我没有挡道。我决心获得宇宙的帮助。我很清楚我独自是做不到的。我很清楚宇宙有个计划。

马上有些事发生了。我收到了我的抵押贷款公司的一封信，信中说我的每月还款可以减少。由于利率下降，我现在只需支付我所付金额的一半。我不知道这会发生。当我告诉从事房地产行业的孩子们时，他们都大吃一惊。我一直在定期付款。我没有联系银行要求任何东西，我只是放手并相信。而宇宙回应了，好像告诉我："如果你打算担心，千万别！"

瞧见没？宇宙知道"怎么做"。但是，当我们思考和担心金钱时，我们是自己最大的敌人。这真的是我们能做的最糟糕的事了。事情的发展与我们无关，当我们用我们的理智去寻找解决方案时，我们就在干扰宇宙。

如果你有金钱方面的问题，你必须做的第一件事是停下来并呼吸。放松！让我告诉你，我没必要解雇任何人。我甚至可以雇用更多的人。这些钱最终来自我无法计划或无法想象的地方。它来自世界各地的出版商，他们给我发电子邮件，提议购买我的书他们母语的版权。我收到了在许多国家演讲的邀请。我们会进行谈判，签订合同，然后再进行预先的电汇。他们是如何得到我的电子邮件地址并对我的书籍和研讨会感兴趣的，我不知道。他们会说："我偶然发现了你"，或者"我碰巧发现了你。"让我告诉你吧，这就是我所说的宇宙的作工。

要澄清的是，这并不意味着我无所事事地坐着，不采取行动。事实上，我经常花很长的时间。但对我来说，我所做的并不像工作。我跟随着我的心，活出我的激情，所以我很高兴把时间花在它上。我知道为什么我会这么做。我是有目的的。机会会来找我，因为我正在做我应该做的事和我喜欢做的事。

我从哪里开始？

让你的职业成为你最佳给予的反映和表达。不要满足于比这更次的。这将触发灵感、领悟，更多灵感和更大领悟的上升螺旋，同时只需很少努力或无须任何努力，就会带来你的经济繁荣。人们会感受到你在工作中的热情，并想给你更多的钱。他们将无法解释是什么吸引他们去向你和你的生意，他们只会在你身边感觉很好，并会想要更多的你和你的产品或服务。

也许现在你只为赚钱而工作，而你在牺牲你的热情。但是我确信，在你的客户、提供者、朋友或家人中间，你可以看到那些为钱工作的人和那些真正热爱他们工作的人之间的区别。很明显，那些做着他们喜欢做的事，那些充满激情做事的人，传递出一种充满喜悦和信任的能量，吸引着客户。他们的快乐状态将使他们在所做的事上不断地做得更好，而这反过来又会使他们获得更多客户！

那么，你会选择加入哪一组呢？你是想成为那些主要是为了钱而工作，只依靠自己的理智，并且大多数时候都在抱怨和不满意的人中的一员？还是你想成为那些快乐且有灵感的能毫不费力地吸引丰盛的人中的一员呢？你自己选！但请记住，如果你决定留在第一组，你的秘密将不再是秘密。人们有第六感，当他们感觉到自己在和一个只为赚钱的人一起工作时，他们会感到不舒服。

我们失败是被编程了的吗？

是什么让我们克服一切困难而取得成功？为什么我们的业务繁荣，而我们竞争对手的企业却没有，即使社会其他人说我们正处于衰退，销售额在下降？要充分发挥潜能，关键是要实践丰盛的心智模式。让我告诉你吧，使之不同的是我们的态度，是我们决定相信什么，以及我们用这些态度和信念采取的行动。我们总是"买"坏消息的账。

我总是说，我们被造出来就是为成功的，但被编程为"失败"。我们被编程相信事情是复杂和困难的，我们必须努力工作，为雨天做好准备。我们深信未来会发生一些不好的事情，所以我们需要做好准备。我们被告知，我们不能做我们喜欢做的事，我们需要积累一个庞大的退休账户。我们必须去上大学，因为一个学术头衔能保证我们得到一份好工作，这份工作会给我们很好的报酬，给我们安全感，也会让我们快乐。真的是这样吗？你试过了吗？你真的很开心吗？不再担心了吗？为了快乐和成功而停止担心未来，活在当下，每一刻只想这一刻的事，享受你所做的事，你看到其重要性了吗？在巴拉圭亚松森的一次研讨会上，一位妇女举手说："玛贝尔，这太棒了，但我们希望我们的孩子诚实，勤奋，上大学，做专家，赚钱……"

她不停地说，直到我打断她说："你是否意识到你的清单里不包括他们活得开心？"在墨西哥的一次会议上，一位年轻女士举手对我说："玛贝尔，我要高中毕业了，我真的不知道该选择什么职业。"

我的第一个想法是，你妈妈不会喜欢我的回答的！

这位年轻女子的母亲坐在她旁边，所以我请求她允许我和她女儿说话，然后我才回答。她的母亲点点头，于是我对那位年轻女子说："去周游世界吧。等你回来时，你就知道了。"整个礼堂都鼓掌了。我感到他们都为她感到宽慰和解脱。

同样地，在俄罗斯莫斯科的一个研讨会上，一个男士问我："玛贝尔，基于你所说的，我要告诉我儿子不要上大学吗？"

我的回答是："要是你儿子首先发现他的本来，他的热情是什么，那么他就可以为了正确的理由而上大学：学习更多他喜欢的东西，并以最好的方式去做那些事。"

你看，我们中的很多人上大学是为了成为一个"人物"，或是为了获得成功和价值感，或是为了获得安全感。但归根结底，这与学位无关。在生命中的某一时刻，我们有意或不自觉地决定，让我们的信念主导我们的未来。例如，因为我们有大学学位，我们认为我们是个"人物"，或者当我们没有大学学位，我们就会感到不足。我们深信，如果我们接受了大学教育，我们就会懂更多，假设那些受过更多教育的人会更有学识。好吧，让我告诉你，你受的教育越多，你可能离智慧或真理越远，而"真理让你得自由"。

为了知道真理，你需要停止基于你以前学到的一切，所有你所获得的知识的行为。对你的信念、看法和期待说，"我爱你，但我们需要分开"，然后释放它们。把另一边脸转向它们，让自己自由。真理，与零频率状态一样，是一种体验。它无法用语言来描述。当你保持敞开并愿意承认："也许我知道的，并没有我以为我知道的那么多。"你就会体验到。突然间因着你的心你就知道了。但这种知道与教育或学习无关。它是一种天然的知道，你无法解释，或在任何一所学校、学院或大学里获得。

连接到零频率

你的幸福不是外在于你可以获得的某物，它已经存在于你的内在。它不取决于任何具体数额的资金或成功；它不需要承认或奖励。你的幸福是你每时每刻都在选择的东西。我们需要改变我们对成功和金钱的心智设定，并开始实践丰盛。首先关注你的内在生命。一旦我们改变了自己的信念，"外在"的改变是不可避免的，因为它是你内在实相的反映。

以下是通过连接到零频率体验丰盛的几种方法：

1. 要想立刻感到快乐，回忆一下你感到快乐的时刻，你不断大笑的时刻，你高兴地跳舞的时刻，你对活着充满感激的时刻。简单地重温这些记忆，将帮助你在内心再次体验同样的幸福。

2. 记住迈克尔·辛格所说的让愤怒、担心和焦虑等消极能量"直接流过你的身体"的重要性。他警告不要将这些能量储存在你的体内。我建议你在心里重复："我将不再担心。"

3. 如果你发现自己在担心一个不确定的未来，在心里重复："我放手并信任。"提醒自己，你走的是正确的道路，当下就是你所拥有的一切；在这一刻，你拥有你所需要的一切。

4. 当你开始质疑或抱怨时，提醒自己从全局出发：知道你为什么做它。总有更宏大的目的。你的心会指引你完成你的使命。

5. 相信自己。自信行事。重新连接你知道的那部分。你肯定听过这样的话："假装而成功。"信任自己。做你自己。爱你自己。

6. 改变你心智中的对话。意识到你可以改变你的想法，就像你改变收音机的频道一样。用好习惯代替坏习惯：与其思考和担心，不如放手并信任。与其听你的理智，不如练习倾听你的灵感。调频到另一个电台。

7. 我们都相信一堆关于金钱的信念。你在小时候听过的关于钱的事，可能控制着你当下生活中钱的流动。提醒自己，金钱只是你相信金钱是什么。在生活中实践爱和接受金钱。钱没有错。通过说"谢谢，但不谢你；我很忙；我有重要的事情要做"来克服你的消极想法。请记住，如果你允许的话，更多的东西会从你从未想象过的地方冒出来。

8. 有创造力的人会告诉你，他们的想法不是来自思考。你在找百万美元的主意吗？照他们的做法去做。连接大自然，散散步，听听音乐，洗个澡或小睡一会儿，敞开心扉，因为它会在你处于梦寐状态时到来。放松点！[2]

---

① "中奖的财务后果，"斯科特·汉金斯，马克霍克斯特拉，佩奇玛尔塔·希巴。《经济和统计评论》，第93卷，第3期，2011年8月，第961—969页。

② 在这里找到更多关于如何回归零频率的资源：zerofrequency.com/book。

第十一章
为什么你活在零频率中很重要

心智就像降落伞。除非它是开着的，否则它不起作用。

——弗兰克·扎帕

人类正在经历不同类型的动乱和灾难：海啸、地震、火灾、洪水、空难、经济危机、种族主义、濒危生态系统、海平面上升的威胁、人口贩运、毒品流行、犯罪、性犯罪、恐怖袭击。它们最终只告诉我们一件事：是时候该醒来了。

我们必须认识到，这些情况的出现是为了帮助我们负起责任，改变并放下在我们脑海中重现的记忆，这样我们才能使自己、我们的社区和这个星球自由。改变从我们开始。如果我们没有意识到这一点，生活将会变得越来越困难。宇宙每一次都会用更大的力量来击打我们。

悲剧是我们仍在沉睡。在我们醒来之前，还要发生多少场灾难，还有多少人要失去生命？我们是如此强大，若是我们继续"相信"地球上的和平是不可能的，我们实际上可以摧毁一切。世界是不稳定的，不幸是生活中正常的一部分。

我们生活在一个进化和巨变的重要时代，过时的思维方式不再为我们服务。我们不断地告诉我们的孩子，如果他们不担心的话，他们是不负责任的。我们告诉他们，如果他们不思考并使用他们的心智，他们是愚蠢的。醒醒吧！那不管用。意识是给世界带来和平的唯一途径。这始于我们每个人都活出快乐。如果你是有意识的，你的心就在和平中，而非战争中。

在这整个星球上，人们正在意识到，过去有效的不再起作用了。人们在寻找不同的生活方式。心智正在向新的可能性敞开。越来越多的人意识到他们所知道的并不像他们以为自己知道的那么多。希望他们不会抗拒这些领悟！你知道的，生活的艰难是因为我们在抗拒。我们抗拒一切。是我们让事情变得更艰难。

在印度一个道场的一次特殊冥想中，我们必须逆时针旋转45分钟。如果在旋转之后你没有摔倒，你必须让你的身体倒在地上。猜猜我发现了什么？如果你不尝试提前计划着陆（控制、思考、抗拒），你会软着陆。地板轻轻地、自然地吸收你。当我允许自己以这种方式坠落时，我感到自己与大地融为一体。好好想想吧。当孩子们摔倒时，他们会以放松的方式摔倒。他们不试图控制坠落，也不抗拒它，也不试图保护自己。他们不去抗拒！

约瑟夫·坎贝尔说："如果你在下坠……潜入。我们正在朝未来自由落体。我们不知道我们要去哪儿。事情变化太快了，当你穿越一条长长的隧道时，焦虑总是随之而来。要把地狱变成天堂，你所要做的就是把你的坠落变成一种自愿行为。这是一个非常有趣的视角转变，这就是……快乐地去悲伤……一切都变了。"瞧，让事情变得更困难的，是我们一直在抗拒（思考、担心）。我们正在逆流而上。在我们活着的这些时刻里，我们再也承受不起抗拒了。

一种新的范式正取决于我们。在生活的几乎所有方面——从科学，到教育，到商业，甚至到我们的气候——我们都意识到过去有效的东西不再起作用了。这就是为什么我们实践连接到零极其攸关。现在，这个星球比以往任何时候，都更需要我们成为真正的本来，摆脱恐惧、记忆、消极以及意识到的局限。宇宙正在召唤我们所有人与我们的真实身份联系起来，并且走向零，因为在这个无限、天真、快乐的状态下，我们可以提振并疗愈这个世界。

世界在旋转，允许你自己坠入新的范式。拥抱它，与大地融为一体。不要抗拒，顺其自然。信任不确定。记住，你所抗拒的，会持续。不要害怕。即将到来的东西会更大更好。

旧思想让位于新思想

史蒂文·柯维在他的畅销书《高效能人士的七个习惯》里

解释说："范式转换一词是托马斯·库恩在他极具影响力的里程碑式著作《科学革命的结构》中提出的。库恩指出，科学研究领域的几乎每一项重大突破，首先是对传统，对一种旧思维方式，对一种旧范式的突破。"

他接着说："我们的范式是我们'看待'世界或环境的方式——不是从视觉的角度，而是在感知、理解和解读方面。范式与角色是分不开的。存在是从人的角度看到的。我们所看到的与我们是什么高度相关。如果不同时改变我们的存在，我们看待的方式也改变不了多少，反之亦然。"

科学现在认识到许多理论、解释和假设是错误的或不完整的。一位坚持根据不同的价值观和原则教育我们的年轻人的先锋是格雷格·布雷登。他毕业于蒙大拿大学，获得地质学学士学位。这位计算机系统专家兼意识研究者强调，我们不能以旧的思维方式来解决我们的问题和挑战，因此教育系统必须一劳永逸地迎接新的趋势。

慢慢地，且肯定的是，人们会意识到我们创造了一个多么疯狂的社会。我们把人放进盒子里，把他们变成普通的"正常"人，如果他们没有相应的行为或想法，我们就给他们吃药。奥尔德斯·赫胥黎说："群众的倾向是平庸。"保持专注，继续前进。不要让别人的意见影响你，不要质疑直觉告诉你的东西。你是否愿意对你的直觉说"是"，即使这意味着与众不同？

今年，我在墨西哥普埃布拉市的1200名高中生面前发言。他们聚精会神地听我讲了90分钟，给我留下了深刻的印象。最后，我问了谁想分享，问个问题或做个评论。让我感到震惊的是他们中上台分享的人数，以及他们与这些信息的关系。

我无比感谢给我机会与年轻人分享。我想用我的信息尽可能多地连接更多年轻人，如此他们当下就能快乐。现在。在写本书时，我在墨西哥和西班牙的几所高中发表了演讲，他们对我的关注比我想象的要多。学生们分享了故事和精彩的见证，我真的很喜欢和他们一起工作。

在西班牙马拉加，在一所高中出席了一些问题较严重的学生，包括一些被其他学校开除的学生。在我的演讲结束时，一个学生问我："到零需要多长时间？"他甜美且真诚。他发自内心地说话。他真的想知道如何当下就活在零频率中。我真的很想拥抱他。

我告诉他："你到零的速度完全取决于你自己。你每一刻都在做决定。你当下就可以快乐。"

年轻人比你以为的更愿意接受新的范式，他们中的许多人已经在实践你在本书中学到的一些东西。他们生来就自带不同的芯片，不同的感知，而且他们的心智更加开放。他们中的许多人不需要被告知要"跳出框框"。他们在等我们。所以我写了一本儿童读物《最简单的成长方式》，适合3~100岁的人读。（我们成年人和孩子一样需要它。）在这本书的有声书里，我汇编了所有改变我生活的信息。我们不应该让我们的孩子经历我们所经历的一切，直到40年后才发现他们浪费了自己的生命。我认为让我们的孩子当下就快乐是非常重要的。

谢天谢地，许多人都在重新考虑，不上学并在家教育自己的孩子。许多接受过这种另类教育的孩子，现在在互联网上发表了令人惊叹的演讲。当你有时间，看看洛根·拉普朗特在内华达大学 TEDx 上的演讲，听他说在家上学是如何让他们成为快乐的人的。

天赋智慧是基础

日本的一位研讨会组织者曾问我，为什么我没有提到我的研讨会有天分的成分。我说："如果我那样做的话，在美国就没有人会雇用我了。"

组织者回答说："在日本，除非我们知道你的研讨会有天分成分，否则我们不会雇用你，因为在日本，我们知道成功商业的基础是天分。"

这是本质。天分是基本且非常重要。如果你还记得的话，我在当会计的时候就发现了这一点，并开始了对我来说至今依然很新的一段旅程：内在世界。

我们有一个在加利福尼亚的学员，她经常和无生命的物体说话。她是一名会计,有一天来参加培训,告诉我她已经辞去了在会计师事务所的工作,打算开一家花店。我的第一个问题(我的理智仍然运作得很好)是:"但是克里斯汀,你懂花吗?"

她说:"不,但我只知道我必须做它。"

下一次训练时,她来和我们分享说:"嗯,是这样的……我带着预订清单去花市,但当我到了那里,我问花儿们:'谁要跟我走?'我看到鲜花们举起手来。我将它们与我的清单做了比对,并注意到一些我没有列出,但我信任,并买了它们。当我走回花店时,电话铃响了。我接了电话,致电的人要了那些不在名单上却'举了手'的花!"

这听起来很牵强,但对克里斯汀来说是真的。为什么不相信你自己的直觉呢?为什么不相信你自己的真相呢?你真的需要一个五年计划来实现幸福和丰盛吗?为了追求你感兴趣的东西,你的激情,真的需要大学学位吗?实际上没有任何规则,你的现实就是你的现实。

总有创新的想法可用。你只需要知道如何识别和接通这些想法。如此,正如我们所看到的,即使是"残疾人"也能为社会起到激励作用。例如,截至 2017 年,80% 的自闭症成年人失业。[①]然而,许多自闭症患者非常聪明,具备一些行业在招聘新员工时所需的技能,比如注重细节和创造性思维等。在新的范例中,诸如微软、IBM 和惠普等科技公司,看到了为自闭症患者创建招聘程序的价值。这些举措也以积极的方式改变了其他雇员的工作动力。当我们欣赏我们每个人最好的一面时，我们才能走向一个更可持续、更人道的社会，你看到没？这是一个新的范例，你可以为此添砖加瓦。

工作场所中的幸福感

《世界幸福报告》是对全球幸福状况的里程碑式调查，通常由联合国在庆祝"国际幸福日"的活动中发布。随着各国政府、组织和民间社会越来越多地使用幸福指标来指导他们的决策，该报告持续获得全球的认可。除了排名之外，今年的报告还分析了工作场所中的幸福感。众所周知，员工是任何组织的中坚力量。然而，一份受尊敬程度不亚于《哈佛商业周刊》的消息来源承认，在所有层次中，快乐的员工都更有动力，更有效率，更有责任感。

在我们即将进入的新时代，我们看到许多企业正在破产，它们无利可图。它们的某些东西不再起作用，就像我们生活中的许多东西不再起作用一样。同样，我们会继续作出相同的选择，却期待得到不同的结果吗？

作为个人和公司，我们必须敞开我们的心智，并创建符合新时代的企业。如今，幸福的因素已经不能再被忽视了。幸福与我们的个人才能相结合，构成了新公司和新世界的支柱。这也向我们展示了我们成为快乐的父母是多么的重要，因为快乐的父母养育快乐的孩子，快乐的孩子将建立快乐的商业。快乐的商业不会破产。

哈佛大学参加人数最多的一门课程，它对幸福秘诀提供了洞察。《心理学1504》或《积极心理学》，已成为校园内最受欢迎的课程。在宾夕法尼亚大学，马丁·塞利格曼博士谈到了真正的幸福。他介绍了积极心理学的科学基础和关键的研究成果，这导致了对是什么让人们繁荣的革命性理解。在这个新的范式中，幸福必须是我们的自然状态。这就是为什么你处于零非常重要——是的，你。当你繁荣时，其他人会跟随，和平与丰盛会成为我们全球性的体验。

你在新时代中的位置

正如我在本章前面所说，一切都在改变。在这个新的范式中，宇宙正在召唤你适应这些变化，使你的思考和观点变得更加灵活。好消息是你现在知道具体该怎么做了！当你活在零频率中时，对新的想法和可能性保持开放是很自然的，而且你在新的范例中很自在。事实上，你在新范例中非常快活！在本书中，我分享了许多连接到零的方法。这是一种简单的方法，可以让你的心智和日常生活中的旧模式消失，让你提振并让世界各地正在发生的变化最大化。

不断变化是宇宙法则之一，它提醒我们，我们所有的环境都是暂时的。这意味着，我们今天面临的任何挑战都可以得到解决。总是有新的机会可以带来增长、欢乐与和平。你对自己的幸福、富足和成功负有百分之百的责任。当你接受这一责任，每天连接到零，你不仅会改变你的人生，你也将改变这个世界。

---

① https://www.monster.com/career-advice/article/autism-hiring-initiatives-tech。

后　记

你有权犯错误

为什么我称这些最后的内容为"后记",而不是摘要? 我使用后记一词,是因为这是你阅读这本书的原因——写你自己的后记。在电影中,后记是在吸取教训和赢得战斗之后的几个月里开始了幸福的生活。在书中,后记是告诉你,在故事结束后,你关注了很久的角色发生了什么。你想要一个平静、丰盛、快乐的后记。你想要一个庆祝梦想实现后的"之后"。我懂的。我们都一样。

现在你已经知道了获得你渴望的后记的最简单方式。然而,对你们中的一些人来说,似乎要花更长的时间才能做到这一点。有时候,你会犯错误。当我们确信我们知道,当我们处于理智——显意识心智时;当我们想按自己的方式,而非按照上帝的方式做事时,我们就会犯错误。当你犯这些错误时,对自己温柔一点。没关系的。我们是人类,我们是来学习的。尽你所能做到最好。

对自己好一点。你过去的"错误"是学习道路的一部分。也许它们根本不是错误,而是你做准备的一个重要部分。我们最大的教训来自我们坎坷的经历。而我相信你已经尽力了。但现在你知道你可以改变它。现在你知道如何释放掉那些不再能为你所用的东西，如此你就能快乐、平静并成功。

托马斯·爱迪生在进行了上千次尝试后才发明了灯泡。你认为他有失败1000次的感觉吗？他自己的原话是："我没有失败1000次。发明灯泡需要1000步。"

有时困难似乎是无法克服的，但在现实中，它们是机会。同样，努力工作和牺牲的时刻是"考验"，确保我们所走的道路对我们来说是正确的。如果你的结论是"这不适合我"，让不便或分心成为停止的借口，你可能不会跟随你的激情，你的道路。所以也许最好还是向前看。听到"不"，撞上路障——这些都是机会。当这些情况发生时，只需说："谢谢你给我这个机会。更好的事要来了。"唯一的失败是当你不再学习。

如果你害怕去追求你想要的，你可能还没有触及你灵魂的真正渴望，或者有太多的记忆干扰你。只有你，在你内心静默时，才能决定该走哪条路。忠于你的心，不要担心。正如温斯顿·丘吉尔所说："无论发生什么，绝不、绝不、绝不放弃！"

记住，如果你忘了实践，如果你把它抛在脑后几个月甚至几年，你总是可以回来的。这是一件很简单的事，就像说"对不起，我不知道我在做什么，但我已经尽了我最大的努力"一样简单。善待自己是很重要的。宇宙一直在那里，等待着你，就像它过去那样，未来也一样。

很多时候，当我们犯了一个错误，或者停止了实践和放手，我们认为我们失败了，我们惩罚自己。这就是人，它不是永久的。你可以立刻回到零频率。放松点。停下来。呼吸。大笑。它很容易。与其哀叹、后悔和沉湎于过去，你把自己带回了当下。然后你再做一次。一次又一次。记忆一直在你脑海中重播，因此你应该时刻这么做，每次呼吸都这么做。

埃克哈特·托利在他的书《当下的力量》里，谈到了放手和活在当下的问题。他说："随着实践，静定与平静的感觉会加深。你也会从内心深处感受到一种微妙的喜悦在散发；存在的喜悦……你比在心智中分辨的状态更警觉、更清醒。你完全临在……有一个标准可以用来衡量你在这个实践中的成功：你内在感受到的平静程度。"

后记会给你带来最为平静、丰盛和幸福的东西，这可能会让你大吃一惊。你可以想象一个"幸福的结局"，通过实践，通过跟随你的心，会发现你真正的快乐就是道路本身。放松点。它会发生的。对你而言它会是很完美的。

现在不是后天。现在是今天。这是你迈向新生活的第一天。你现在有你需要的所有工具了。别再等了。一切都看你的了。只要信任并以绝对的确定迈出第一步。零频率是最不费力的道路。

我知道你已经准备好去寻找你真正的自己，并在你的生活中找到意义，这就是你为什么读本书的原因。我对你的愿望是，你将选择敞开心扉，改变你的看法，你将享受这一过程并保持在当下，你将充满信心和热情地生活在希望中，你将信任——你将拥有超越理解的平静。

译后语
全面认识你自己

所有的心灵书籍都在说一个东西，却有两个面向。

这一个东西就是全面认知自己，尤其是认识我们平常不太认识的那个自己，那个自己是荣格所谓的"完整的心灵状态"；是六祖慧能说的"自性"（"何期自性本自清静；何期自性本不生灭；何期自性本自具足；何期自性本无动摇；何期自性能生万法"）；是催眠大师米尔顿·艾瑞克森说的"每个人都是OK的"；是佛陀开悟后说的第一句话"众生皆有如来智慧德相"；是孟子的"人人皆可为尧舜"；是王阳明的"个个人心有仲尼"；是耶稣说的"天堂就在你心里"；是隆波田说的"不成为什么"；是伊贺列卡拉说的"零极限"……

两个面向，一种是把你当"还不是那个（有/内容/前景）"来看待，另一种是把你当"已经是那个（无/载体/背景）"来看待。

第一种面向，有一个从"不是"到"是"的过程，有过程就有时间的加入，就有思考、努力、艰辛、付出、牺牲、疗愈、释放、宽恕等的介入。这带来了各种人际冲突和问题。以这个面向为基础的解决方法，只会"剪不断，理还乱"。

第二种面向，你已经是了，无法再是。你如何打开一扇已经开启的门？除非你想玩这个游戏，你会先把门关上。再打开。

同样，你如何才能"是"呢？你得先玩个"你不是"的游戏。于是，就有了各种让自己"不是"的游戏。上演各种问题、困扰、纠结、痛苦让自己处于不是。然后再去找大师、经典、法门……通过不懈的努力，一点点向"是"的方向上挪进。

但是，为了让游戏更好玩，一开始时，你会极力逃避"是"的道路，而去找那些听起来不错/看起来更好玩的道路，让自己觉得可以"掌控"的道路，至少是让自我可以得意一段时间的道路或玩具……

套用一句名言来说就是："是"的活法是相似的，"不是"的活法各有各的"不是"。要么原地转身360°，要么费尽千辛万苦，绕一个巨大的圆圈，再次回到起点。也就是回到此时此地此我此世界，但你已经不是原来的你了……

如果没有这张纸（载体），你如何看到本页上的文字（内容）？

如果没有真正的你作为背景，你的人生故事将如何开展？

如果你承认一切都在加速度变化，那么你也得承认有一个

永恒不变的存在。安住那个不变的，享受那些变化的，这就是
生命的全部意义！

千面学堂创办人　胡尧

关于作者

玛贝尔·卡茨（Mabel Katz）是一位作家、公众演讲家，以及国际著名的世界和平大使。她被认为是荷欧波诺波诺的领导权威，她也是零频率的创建者。零频率是一种生活方式，它教导我们百分之百地负责任、宽恕和感激，以此作为通往零的途径——在这种状态下，我们将自己从限制性的记忆和信念中解脱出来，如此我们就可以发现自己内在的天赋，以追求更丰盛的人生。

2012 年玛贝尔荣获著名的米伦尼斯·德·巴兹和平旗帜，承认她的全球和平倡议，"内在和平就是世界和平"，玛贝尔被正式承认为世界上最杰出的和平大使之一，并于 2015 年 1 月 1 日被授予享有盛名的公共和平奖。她曾在国家议会和其他有影响力的政府机构，包括在维也纳联合国面前发言，她在那里发起了她在国际上享有盛名的"和平起始于我"运动。2013 年，她因人道主义工作而被俄罗斯圣约翰大修道院东正教骑士团授予"玛贝尔·卡茨夫人"爵士称号。

玛贝尔继续在世界各地广泛旅行，帮助无数人在他们的生活中找到内心的平静和更大的满足。

玛贝尔还写了几本书，被翻译成二十多种文字。

本书译者

胡尧，千面学堂创办人，微信公号"千面博士"主理人。《琉璃光岛》作者。全球畅销书《零极限》《零频率》《无量之网》《你值得过更好的生活》《癌症的真相》《开启宇宙奥秘的人》等书译者。

图书在版编目（CIP）数据

零频率/(美)玛贝尔·卡茨著;胡尧译. -- 北京：
中国青年出版社, 2021.4
ISBN 978-7-5153-6366-0

Ⅰ.①零… Ⅱ.①玛… ②胡… Ⅲ.①心理学—通俗
读物 Ⅳ.① B84-49

中国版本图书馆 CIP 数据核字 (2021) 第 084999 号

零频率

作　　者：[美]玛贝尔·卡茨
译　　者：胡　尧
责任编辑：吕　娜

出版发行：中国青年出版社
经　　销：新华书店
印　　刷：三河市少明印务有限公司
开　　本：787×1092　1/32 开
版　　次：2021 年 6 月北京第 1 版　2021 年 6 月河北第 1 次印刷
印　　张：6.25
字　　数：200 千字
定　　价：69.00 元
中国青年出版社 网址：www.cyp.com.cn
地址：北京市东城区东四 12 条 21 号
电话：010-65050585（编辑部）